零基础玩转国产大模型 DeepSeek

徐永冰　张帅　编著

中国水利水电出版社
www.waterpub.com.cn
·北京·

内 容 提 要

本书以国产大模型 DeepSeek 为核心,全方位展现其在多领域的应用与价值。读者通过阅读本书可以快速掌握 DeepSeek 办公、学习和娱乐等实战应用。

全书共 19 章,开篇深入剖析人工智能与大模型的发展脉络、技术原理,让读者对其所处的技术生态有清晰认知。随后,详细解读 DeepSeek,涵盖其技术架构、性能优势、应用场景,以及注册登录、界面操作等基础使用方法,并讲解编写提示词的技巧。书中重点呈现 DeepSeek 在工作、学习、生活、艺术等领域的广泛应用。通过丰富的案例及其实操步骤,读者可深入了解其应用方式及效果。最后,对 DeepSeek 的未来发展进行展望,探讨其发展趋势与潜在影响。

本书内容全面、案例翔实,是深入了解和运用 DeepSeek 的实用指南,适合对大模型感兴趣的相关人员使用,也适合高校师生和相关培训机构作为教材使用。

图书在版编目(CIP)数据

零基础玩转国产大模型DeepSeek / 徐永冰, 张帅编著. -- 北京 : 中国水利水电出版社, 2025. 4. -- ISBN 978-7-5226-3349-7

Ⅰ. TP18

中国国家版本馆CIP数据核字第20251NL792号

策划编辑:陈红华　　责任编辑:张玉玲　　加工编辑:丰芸　　封面设计:苏敏

书　　名	零基础玩转国产大模型 DeepSeek LINGJICHU WANZHUAN GUOCHAN DAMOXING DeepSeek
作　　者	徐永冰　张帅　编著
出版发行	中国水利水电出版社 (北京市海淀区玉渊潭南路 1 号 D 座　100038) 网址:www.waterpub.com.cn E-mail:mchannel@263.net(答疑) 　　　　sales@mwr.gov.cn 电话:(010)68545888(营销中心)、82562819(组稿)
经　　售	北京科水图书销售有限公司 电话:(010)68545874、63202643 全国各地新华书店和相关出版物销售网点
排　　版	北京万水电子信息有限公司
印　　刷	三河市德贤弘印务有限公司
规　　格	184mm×240mm　16 开本　15.5 印张　300 千字
版　　次	2025 年 4 月第 1 版　2025 年 4 月第 1 次印刷
印　　数	0001—3000 册
定　　价	58.00 元

凡购买我社图书,如有缺页、倒页、脱页的,本社营销中心负责调换

版权所有·侵权必究

前　　言

在人工智能蓬勃发展的时代浪潮中，大模型技术如同璀璨星辰，照亮了各个领域，深刻改变着人们的生活、工作和学习方式。DeepSeek 作为国产大模型的佼佼者，以其强大的性能、广泛的适用性，开启了智能时代的全新篇章，引领着我们迈向更加高效、智能的未来。

本书正是这样一本应运而生的实用指南，旨在为广大读者全方位解读 DeepSeek。无论你是刚刚踏入人工智能领域的新手，对这一前沿技术充满好奇与探索欲；还是寻求技术突破、渴望在专业领域更上一层楼的资深人士；抑或是期望借助先进技术提升工作效率、丰富生活体验的普通用户，本书都将成为你获取有价值信息的宝库。

本书从基础出发，深入浅出地讲解人工智能与大模型的基础知识，帮助读者搭建起理解 DeepSeek 的知识框架。进而详细剖析 DeepSeek 的技术原理、性能优势，让读者知其然更知其所以然，了解其背后强大的技术支撑。同时，本书精心编排了大量实际案例及其操作步骤，详细介绍 DeepSeek 的基本操作、提示词编写技巧，以及在公文写作、演讲创作、求职谋职、营销策划、金融投资、法律辅助、学术研究、IT 编程、娱乐休闲、个性定制、文学创作等众多领域的广泛应用，助力读者快速上手，将 DeepSeek 无缝融入日常生活和工作。此外，还对 DeepSeek 的未来发展进行了展望，引导读者思考人工智能的发展趋势。

本书特色：

深度案例的全面剖析：在每个应用场景介绍中，不仅提供丰富的案例，还对案例进行深度剖析，从需求分析、提示词设计到最终结果呈现，全方位展示 DeepSeek 的应用过程，让读者更深入地理解如何根据实际需求运用 DeepSeek，举一反三。

技巧总结与深度拓展：对不同领域使用 DeepSeek 的技巧进行系统归纳，并提供拓展思路。例如，在提示词编写技巧部分，讲解了很多高级技巧，进一步优化提示词，提升与 DeepSeek 的交互效果。

行业对比与趋势洞察：在介绍 DeepSeek 在各行业应用时，增加与其他类似工具或传统方法的对比分析，让读者清晰了解 DeepSeek 的优势。同时，结合行业动态，洞察 DeepSeek 在各行业的未来应用趋势，帮助读者提前布局，更好地把握技术发展方向。

在编写本书时，我们始终秉持简洁明了的语言风格，追求内容的翔实实用，确保每一位读者都能轻松理解并快速应用。衷心希望本书能成为你探索 DeepSeek 世界的得力向导，帮助你充分挖掘 DeepSeek 的无限潜力，提升个人和团队的生产力，尽情享受智能化带来的便利与乐趣，顺利迈向智能化的工作与生活。

  在本书的创作过程中，感谢母亲和妻子对家庭的照顾，才让我有时间能够完成书稿；感谢儿子天真的笑容和牙牙学语陪伴我写作的每一天。特别感谢中国水利水电出版社陈红华编辑的大力支持，他在出版过程中表现的敬业精神和专业知识，让本书的出版更加顺利。

  由于时间仓促和个人能力所限，书中难免会出现一些错误和纰漏，诚挚欢迎读者批评和指正，期待您的反馈。反馈邮箱：fengjiexyb@163.com。

徐永冰

2025 年 2 月

目　　录

前言

第 1 部分　DeepSeek 入门

第 1 章　人工智能与大模型 2
- 1.1　初识人工智能：从科幻走进现实 2
- 1.2　发展简史：从图灵测试到 AlphaGo 4
- 1.3　机器如何学习：给计算机"上课"的奥秘 5
- 1.4　深度学习革命：像搭积木一样的神经网络 7
  - 1.4.1　深度学习的概念 7
  - 1.4.2　深度学习的应用 8
- 1.5　人工智能与生活：从理论走进实践 9
  - 1.5.1　医疗领域 9
  - 1.5.2　交通领域 10
  - 1.5.3　教育领域 10
- 1.6　大模型登场：人工智能的"超级大脑" 11
  - 1.6.1　大语言模型的概念 11
  - 1.6.2　大语言模型的训练过程 11
  - 1.6.3　大语言模型的局限性 12
  - 1.6.4　主流的大语言模型 13
- 1.7　未来展望：人机共生的新纪元 14

第 2 章　DeepSeek 概述 16
- 2.1　DeepSeek 简介 16
- 2.2　DeepSeek 技术原理 17
- 2.3　DeepSeek 性能优势 18
- 2.4　DeepSeek 应用场景 18
- 2.5　选择 DeepSeek 的原因 19

第 3 章　DeekSeek 基本操作 20
- 3.1　注册与登录 20
- 3.2　界面介绍与导航 25
- 3.3　增强功能 29
- 3.4　基本设置 31
- 3.5　DeepSeek API 开放平台 32
- 3.6　DeepSeek 本地部署 34
- 3.7　更强大的文生图模型：Janus Pro 40
- 3.8　手机版本 41

第 4 章　编写 DeepSeek 提示词 43
- 4.1　基础技巧：搭建有效沟通的基石 44
  - 4.1.1　明确目标，有的放矢 44
  - 4.1.2　简洁清晰，细化问题 46
  - 4.1.3　提供上下文，完善背景信息 49
- 4.2　进阶技巧：提升交互效果的关键 52
  - 4.2.1　结构化提示词，有序引导 52
  - 4.2.2　巧用示例，规范输出风格 54
  - 4.2.3　设置限制条件，精准把控输出 55
- 4.3　高级技巧：挖掘 DeepSeek 潜力的秘诀 57
  - 4.3.1　分步引导，攻克复杂任务 57
  - 4.3.2　角色扮演，定制专业输出 59
  - 4.3.3　迭代优化，追求完美结果 61
- 4.4　常见误区与应对策略 64
  - 4.4.1　过于笼统，不够精准 64
  - 4.4.2　忽略细节，输出偏差 64
  - 4.4.3　过度复杂，重点迷失 65
- 4.5　官方提示词库 65

第 2 部分　DeepSeek 助力工作

第 5 章　公文与演讲，智慧创作 ………… 69
- 5.1　演讲稿 ………………………………… 69
- 5.2　发言稿 ………………………………… 71
- 5.3　祝福语 ………………………………… 72
- 5.4　获奖感言 ……………………………… 73
- 5.5　会议纪要 ……………………………… 75
- 5.6　工作计划 ……………………………… 77
- 5.7　电子邮件 ……………………………… 79
- 5.8　工作汇报 ……………………………… 80

第 6 章　求职领域，精准谋职 ……………… 83
- 6.1　个人简历 ……………………………… 83
- 6.2　招聘启事 ……………………………… 88
- 6.3　面试题库 ……………………………… 90

第 7 章　营销电商，创意驱动 ……………… 92
- 7.1　直播文案 ……………………………… 92
- 7.2　视频文案 ……………………………… 93
- 7.3　营销策划方案 ………………………… 95
- 7.4　广告片文案 …………………………… 97
- 7.5　自媒体文案 …………………………… 99

第 8 章　金融投资，智慧决策 …………… 102
- 8.1　金融市场分析 ………………………… 102
- 8.2　商业计划书 …………………………… 103
- 8.3　投资分析报告 ………………………… 106
- 8.4　风险识别 ……………………………… 108
- 8.5　投资建议与组合管理 ………………… 110
- 8.6　财务规划 ……………………………… 112

第 9 章　Office 协作，智能升级 ………… 114
- 9.1　接入 WPS ……………………………… 114
- 9.2　WPS 生成文案 ………………………… 122
- 9.3　文字校对 ……………………………… 124
- 9.4　拆分表格 ……………………………… 126
- 9.5　表格公式生成 ………………………… 131
- 9.6　快速拆分复杂字段 …………………… 133
- 9.7　PPT 生成 ……………………………… 134
- 9.8　WPS 内嵌 DeepSeek …………………… 141

第 10 章　法律领域，智能辅助 …………… 143
- 10.1　法律条文检索 ………………………… 143
- 10.2　撰写法律文书 ………………………… 145
- 10.3　提供法律咨询 ………………………… 146
- 10.4　辅助司法审判 ………………………… 148

第 3 部分　DeepSeek 高效学习

第 11 章　论文写作，学术领航 …………… 152
- 11.1　推荐研究方向 ………………………… 152
- 11.2　阅读论文 …………………………… 155
- 11.3　选择题目 …………………………… 157
- 11.4　生成摘要 …………………………… 158
- 11.5　设计提纲 …………………………… 159
- 11.6　参考文献 …………………………… 162
- 11.7　撰写论文 …………………………… 163

第 12 章　IT 编程，智能开发 …………… 165
- 12.1　链接 PyCharm ……………………… 165
- 12.2　编写代码 …………………………… 169
- 12.3　代码纠错与优化 …………………… 174
- 12.4　解读代码功能 ……………………… 176
- 12.5　注释代码 …………………………… 179
- 12.6　生成测试用例 ……………………… 180

第 4 部分　DeepSeek 融入生活

第 13 章　娱乐休闲，趣味畅享 …………… 182
- 13.1　游戏策划 …………………………… 182
- 13.2　游戏剧本 …………………………… 184
- 13.3　游戏攻略 …………………………… 187
- 13.4　景点推荐 …………………………… 188
- 13.5　旅游攻略 …………………………… 190

第 14 章　个人服务，贴心相伴 193
14.1　着装推荐 193
14.2　健身计划 195
14.3　起名字 197
14.4　菜品烹饪 199
14.5　营养师 200

第 15 章　文学创作，灵感引擎 203
15.1　诗歌 203
15.2　剧本 204
15.3　小说 206
15.4　散文 208
15.5　儿童睡前故事 209

第 16 章　心灵呵护，温暖相伴 211
16.1　亲子沟通 211
16.2　心理疏导 212
16.3　评估心理健康 213
16.4　辅助心理治疗 214

第 5 部分　DeepSeek 赋能艺术

第 17 章　图片创作，创意呈现 217
17.1　HTML 生成图片 217
17.2　生成 AI 绘画提示词：漫画作品 219
17.3　生成思维导图 221
17.4　Janus Pro 7B：水墨画 223
17.5　字体设计 225

第 18 章　视频生成，视觉创想 226
18.1　数字人视频 226
18.2　卡通视频 231
18.3　3D 模型 232

第 6 部分　未来展望

第 19 章　DeepSeek 的未来发展 237
参考文献 238

第 1 部分

DeepSeek 入门

第1章
人工智能与大模型

1.1 初识人工智能：从科幻走进现实

在科技飞速发展的今天，人工智能已不再是科幻作品里遥不可及的概念，而是如春雨润物般悄然融入我们生活的方方面面。清晨，当第一缕阳光洒进房间，智能音箱早已根据你的日常习惯，播放着轻柔的音乐，用柔和的声音唤醒沉睡的你。你随口询问天气，它便能迅速给出准确的预报，让你提前知晓今日的冷暖晴雨，为一天的出行作好准备。

当你踏上通勤之路，手机里的智能地图宛如一位贴心的向导，实时分析路况，为你规划出最优的出行路线，帮你避开拥堵路段，节省宝贵的时间。它不仅能精准导航，还能根据你的出行历史和偏好，推荐周边的餐厅、咖啡馆和商场，满足你在不同场景下的需求。

在工作中，智能办公软件的出现，让烦琐的文档处理变得轻松高效。它可以自动识别文字、语法错误，甚至根据你的思路生成内容大纲，大大提高了工作效率。智能客服也逐渐成为企业与客户沟通的重要桥梁，它们能够快速理解客户的问题，并给出准确的回答，为客户提供 24 小时不间断的服务，提升了客户的满意度。

闲暇时光，你打开视频平台，呈现在眼前的是一个个精心推荐的视频。这些推荐并非随意为之，而是平台利用人工智能算法，根据你的观看历史、点赞、评论等行为数据，精准分析出你的兴趣偏好，从而为你推送最符合你喜好的内容。无论是精彩的电影、有趣的综艺，还是实用的知识科普，都能让你沉浸其中，享受惬意的休闲时光。

回到家中，智能门锁通过人脸识别技术，快速识别你的身份，为你打开家门，无需再为寻找钥匙而烦恼。智能家居系统则让生活更加便捷舒适，你可以通过语音指令控制灯光的亮度和颜色、调节空调的温度、开关窗帘等，营造出温馨舒适的家居环境。当你感到疲惫时，智能按摩椅会根据你的身体状况，为你提供个性化的按摩服务，缓解一天的疲劳。

这些看似平常的场景，背后都离不开人工智能技术的支持。那么，究竟什么是人工智能？简单来说，人工智能就像是一个会学习的数字大脑，它让计算机具备了像人类一样的感知、思考和决策能力，能够通过对大量数据的学习和分析，实现对复杂任务的处理和解决。通过机器学习、深度学习等技术，人工智能可以从海量的数据中自动提取特征、发现规律，并利用这些知识进行预测和决策。

人工智能（Artificial Intelligence，AI），从定义上来说，是一门通过计算机技术模拟、延伸和扩展人类智能的科学。它致力于让计算机具备人类的感知、推理、学习、交流等能力，从而能够自动完成一些通常需要人类智能才能完成的复杂任务。简单来讲，就是赋予计算机"思考"和"学习"的能力，让它们像人类一样处理信息、解决问题。

人工智能的核心在于机器学习算法和深度学习算法。机器学习算法使计算机能够从大量的数据中自动学习模式和规律，而无需被明确编程。深度学习则是机器学习的一个分支领域，它通过构建具有多个层次的神经网络模型，让计算机能够自动从原始数据中提取高级特征，从而实现对复杂数据的理解和处理。

人工智能与人类智能既有着紧密的联系，又存在明显的差异。从联系方面来看，人工智能的发展正是受到人类智能的启发，试图模仿人类的思维方式和认知过程。例如，在学习能力上，人类能够通过不断地实践和经验积累来提升自己的知识和技能。人工智能中的机器学习算法也通过对大量数据的学习，不断优化模型，提高对新数据的处理能力。在图像识别领域，人类通过长期的生活经验，能够快速识别出各种物体和场景。而人工智能的图像识别技术则通过对海量图像数据的学习，让计算机能够准确地识别出不同的物体类别、人物身份等信息。

然而，人工智能与人类智能也存在诸多不同之处。人类智能具有高度的灵活性和创造性，能够在面对全新的、复杂的问题时，通过联想、推理、直觉等多种方式，迅速找到解决方案。而人工智能目前主要依赖预先设定的算法和模型，虽然在某些特定任务上表现出色，但在面对复杂多变的环境和问题时，往往缺乏灵活性和适应性。人类在决策过程中，会受到情感、价值观、道德观念等多种因素的影响，而人工智能的决策则主要基于数据和算法，缺乏情感和道德判断能力。在医疗诊断中，医生不仅会根据患者的症状和检查结果做出判断，还会考虑患者的心理状态、生活背景等因素，给予人文关怀。而人工智能诊断系统虽然能够快速分析大量的医疗数据，提供诊断建议，但在理解患者的情感需求和给予人文关怀方面，还存在很大的局限性。

1.2 发展简史：从图灵测试到 AlphaGo

人工智能的发展历程充满曲折与辉煌，是人类探索智慧的伟大征程，其起源可追溯至古代，那时人们对模拟人类智能的机器充满遐想。古代传说和神话中的神奇机械装置，便是人工智能思想的萌芽。

19 世纪，英国数学家乔治·布尔提出布尔代数，为现代计算机逻辑运算奠定基础。布尔代数通过对逻辑命题的符号化和运算，让计算机能进行逻辑推理与判断，成为人工智能实现的重要数学工具。

艾伦·麦席森·图灵是人工智能发展中的关键先驱。1936 年，他发表《论可计算数及其在判定问题上的应用》，提出"图灵机"这一抽象计算模型，是现代计算机的理论雏形，为计算机科学发展筑牢理论根基。1950 年，图灵在《计算机器与智能》中提出"图灵测试"。在计算机技术尚处起步阶段、人们对机器是否有智能存在诸多争议时，图灵设计思想实验：若机器能与人类自然对话，且人类无法分辨对方是机器还是人，就认为机器具备智能。图灵测试为人工智能发展提供评估标准和方向，促使科学家们投身研究。

20 世纪中叶，计算机技术诞生，为人工智能发展提供物质基础。1956 年，在美国达特茅斯学院，一场重要会议拉开帷幕。主要发起人约翰·麦卡锡，因受冯·诺伊曼自复制自动机启发，专注于计算机下棋研究。马文·闵斯基建造了首个神经网络模拟器 Snare，克劳德·香农为计算机下棋奠定理论基础，艾伦·纽厄尔和赫伯特·西蒙提出物理符号系统假设，他们共同参与了此次会议。在为期两个月的会议中，学者们围绕"用机器模仿人类学习及其他智能"展开讨论，虽未达成普遍共识，但确定了"人工智能"这一名称，1956 年也因此被视为人工智能元年。

早期人工智能侧重符号主义研究，试图通过编写规则和逻辑实现智能行为，如开发机器翻译系统、构建专家系统。然而，早期研究面临诸多挑战。计算能力有限和算法不完善，使人工智能系统在实际应用中表现不佳，机器翻译不准确，专家系统知识获取和更新困难。计算机硬件性能也成为瓶颈，内存有限、处理速度慢，无法满足复杂算法需求，数据匮乏同样制约发展，数据采集和存储困难，导致模型准确性和可靠性降低。理论研究也遭遇困境，基于规则的专家系统和早期机器学习算法存在局限性。此外，社会和经济因素也产生负面影响，投资方和政府的信心下降，资金投入减少，项目中断，人工智能发展陷入"寒冬"。

20 世纪 90 年代，计算机技术飞速发展，机器学习算法不断改进，人工智能迎来新机遇。机器学习让计算机通过学习数据自动获取知识和模式，在图像识别、语音识别等领域得到应用。

进入 21 世纪，深度学习兴起，推动人工智能爆发式发展。2012 年，AlexNet 在 ImageNet 图像分类竞赛中成绩优异，标志着深度学习时代到来。2016 年，谷歌旗下 DeepMind 公司开发的 AlphaGo 横空出世。围棋变化复杂，被视为人工智能难以攻克的堡垒，AlphaGo 旨在探索人工智能在复杂棋类游戏中的应用。它基于深度学习、强化学习和蒙特卡罗树搜索技术，通过策略网络选择走法，价值网络评估棋盘状态，强化学习自我对弈提升实力，利用蒙特卡罗树搜索寻找最优走法。

2016 年 3 月，AlphaGo 与韩国围棋冠军李世石展开人机大战，以 4:1 获胜。比赛中，AlphaGo 的"肩冲"打破传统定式，展现独特思维。2017 年 5 月，AlphaGo 又 3:0 完胜中国棋手柯洁。AlphaGo 的成功证明深度学习和强化学习等技术的巨大潜力，推动人工智能在医疗、交通、金融等领域广泛应用，也引发人们对人工智能与人类关系的思考。

如今，人工智能已广泛应用于多个领域。医疗领域：辅助疾病诊断、治疗方案制定和药物研发；交通领域：实现自动驾驶、智能交通管理；金融领域：用于风险评估、投资决策；教育领域：提供个性化学习；娱乐领域：助力游戏开发、影视制作。

回顾人工智能发展历程，其每一次进步都离不开科学家的努力和技术突破。展望未来，人工智能有望在更多领域取得突破，为人类社会带来更多机遇，引领人们走向更智能、便捷的未来。

1.3　机器如何学习：给计算机"上课"的奥秘

人工智能之所以能够拥有如此强大的能力，关键在于其独特的学习方式——机器学习。机器学习作为人工智能的核心技术之一，让计算机能够像人类一样从数据中学习知识和规律，从而实现对各种任务的自动化处理。

1. 机器学习的基本原理

机器学习的基本原理是让计算机通过对大量数据的学习，自动发现数据中的模式和规律，并利用这些知识来对新的数据进行预测和决策。为了更好地理解这一原理，以识别猫的图片为例说明。假如想要让计算机学会识别猫的图片，首先需要收集大量的猫的图片以及其他非猫的图片作为训练数据。这些图片就像是生动的教材，为计算机提供了丰富的学习素材。

然后，机器学习算法会对这些图片进行分析。它会从图片的像素点入手，逐步提取出各种特征，比如猫的耳朵形状、眼睛的颜色和形状、毛发的纹理等。这些特征就像是猫的独特标识，帮助计算机更好地认识猫。通过对大量图片的学习，计算机会逐渐总结出猫的特征模式，建立起一个识别模型。这个模型就像是计算机心中的一把"尺子"，用于衡量新图片是否为猫的图片。当有一张新的图片输入时，计算机会将其特征与已学习到的猫的特征进行对比，如果相似度足够高，就判断这张图片中的物体是猫。

机器学习的过程就像是人类学习新知识的过程。人们通过不断地观察、实践和总结经验，逐渐掌握各种技能和知识。机器学习也是如此，它通过对大量数据的学习和分析，不断优化模型，提高对新数据的处理能力。

2. 机器学习的分类

机器学习根据数据的类型和学习目标的不同，可以分为监督学习、无监督学习和强化学习三大类。这三类学习方式各有特点，适用于不同的场景，就像三把不同的钥匙，能够打开不同的知识宝库。

监督学习：形象地说，监督学习就像有一位老师在旁边指导的学习过程。在监督学习中，用户会给计算机提供一组带有标注的数据，这些标注就像老师给出的标准答案。计算机通过学习这些标注数据，建立起输入数据与输出标注之间的映射关系，从而实现对新数据的预测和分类。

以图像识别为例，用户可以收集大量已经标注好的猫和狗的图片，告诉计算机哪些是猫的图片，哪些是狗的图片。计算机通过对这些标注图片的学习，会逐渐掌握猫和狗的特征差异，从而能够对新的未标注图片进行准确分类，判断出图片中的动物是猫还是狗。监督学习在许多领域都有广泛的应用，如医疗诊断中的疾病预测、金融领域的风险评估、电商平台的商品推荐等。它能够利用已有的经验数据，快速准确地对新数据进行处理和判断，为人们的决策提供有力的支持。

无监督学习：无监督学习则像一个人在独自探索未知的领域，没有老师的指导，也没有明确的答案。在无监督学习中，给计算机提供的是没有标注的数据，计算机需要自己从这些数据中发现潜在的模式和规律。它通过对数据的特征分析和聚类，将相似的数据归为一类，从而实现对数据的分类和理解。

假如有一组包含各种水果的图片，但并没有标注水果的种类。无监督学习算法会对这些图片的颜色、形状、纹理等特征进行分析，将具有相似特征的图片聚合成一类。通过这种方式，计算机可能会将所有苹果的图片聚为一类，将所有橙子的图片聚为另一类，虽然它不知道这些类具体是什么水果，但已经发现了数据中的内在结构和规律。无监督学习常用于数据探索、客户细分、图像压缩等领域。它能够帮助用户从海量的数据中发现隐藏的信息和模式，为进一步的数据分析和决策提供基础。

强化学习：强化学习可以理解为计算机在一个虚拟的环境中进行"游戏"，通过不断地尝试和犯错，学习如何做出最优的决策。在强化学习中，计算机被称为智能体，它会在环境中执行各种动作，并根据环境反馈的奖惩信号来调整自己的行为。如果智能体的某个动作得到了奖励，它就会倾向于在类似的情况下再次执行这个动作；如果某个动作得到了惩罚，它就会避免在未来执行这个动作。通过不断地试错和学习，智能体逐渐学会在不同的环境状态下采取最优的行动策略，以最大化自己获得的奖励。

以学习骑自行车为例，可以将骑自行车看作是一个强化学习的过程。刚开始学习时，可能会不断地摔倒，这就是环境给予的负面反馈。但人不会因此而放弃，而是会根据每次摔倒的经验，调整自己的骑行姿势、速度和平衡控制。当能够成功地骑行一段距离而不摔倒时，就会得到一种成就感，这就是环境给予的正面奖励。通过不断地尝试和调整，人逐渐掌握了骑自行车的技巧，能够在各种路况下自如地骑行。强化学习在机器人控制、自动驾驶、游戏 AI 等领域有着重要的应用。它能够让计算机在复杂的环境中自主学习和决策，实现更加智能和灵活的行为。

1.4 深度学习革命：像搭积木一样的神经网络

1.4.1 深度学习的概念

深度学习作为机器学习的一种特殊形式，近年来在人工智能领域中大放异彩，成为推动人工智能技术飞速发展的核心驱动力。它之所以被称为"深度"，是因为其模型结构包含多个层次的神经网络，这些层次就像一座知识的金字塔，每一层都对输入的数据进行逐步深入的特征提取和抽象，从而使计算机能够处理和理解极其复杂的数据。

为了更好地理解深度学习的工作方式，可以将其类比为人类大脑处理图像的过程。当人类看到一张图片时，眼睛首先会捕捉到图像的原始像素信息，这些信息就像深度学习模型输入的原始数据。然后，大脑会自动对这些信息进行处理，从简单的边缘、颜色等低级特征开始识别，逐渐组合和抽象出更高级的特征，比如物体的形状、纹理等。最终，能够识别出图片中的物体是什么，这就相当于深度学习模型对图像进行分类或识别的结果。深度学习模型通过构建多层神经网络，模拟了人类大脑的这种处理过程。每一层神经网络都负责学习不同层次的特征，底层的网络层学习到的是数据的低级特征，如图片中的线条、颜色等；随着层次的加深，网络层逐渐学习到更高级、更抽象的特征，如物体的形状、结构等。通过这种方式，深度学习模型能够从大量的数据中自动学习到复杂的模式和规律，实现对数据的准确理解和分析。

1.4.2　深度学习的应用

深度学习的强大能力使其在众多领域都得到了广泛应用，为各个行业带来了革命性的变化。下面看看深度学习在一些主要领域的精彩应用。

图像识别：图像识别是深度学习应用最为广泛和成功的领域之一。它让计算机能够像人类一样"看懂"图像，识别出图像中的物体、场景、人物等信息。在自动驾驶领域，深度学习技术的应用使得汽车能够实时识别道路、交通标志、行人、其他车辆等，从而实现自动驾驶的功能。通过安装在车辆周围的摄像头和传感器，收集大量的图像数据，深度学习模型对这些数据进行分析和处理，判断车辆周围的环境状况，做出合理的驾驶决策，如加速、减速、转弯等。如今，许多城市已经开始试点自动驾驶公交车和出租车，为人们的出行带来了更加便捷和安全的选择。

在安防监控领域，图像识别技术可以实现对人员的身份识别、行为分析和异常检测。通过对监控摄像头拍摄的图像进行实时分析，深度学习模型能够快速准确地识别出人员的面部特征，与数据库中的信息进行比对，实现门禁控制、人员追踪等功能。它还可以对人员的行为进行分析，如判断人员是否在进行异常行为，如奔跑、打斗等，及时发出警报，为公共安全提供有力的保障。

在医学影像分析中，深度学习技术也发挥着重要的作用。医生可以利用深度学习模型对 X 光、CT、MRI 等医学影像进行分析，帮助诊断疾病。深度学习模型能够快速准确地识别出影像中的病变区域，如肿瘤、结石等，为医生提供诊断建议和参考。它还可以对疾病的发展趋势进行预测，帮助医生制定个性化的治疗方案。

语音识别：语音识别技术让计算机能够"听懂"人类的语言，实现人机之间的自然语音交互。如今，语音助手已经成为生活中不可或缺的一部分，如苹果的 Siri、亚马逊的 Alexa、小米的小爱同学等。这些语音助手通过深度学习技术，能够准确地识别用户的语音指令，并将其转换为文本信息，然后通过自然语言处理技术理解用户的意图，执行相应的操作，如查询天气、播放音乐、设置闹钟等。

语音识别技术的发展离不开深度学习算法的支持。深度学习模型可以对大量的语音数据进行学习，自动提取语音的特征，从而提高语音识别的准确性和效率。它还可以适应不同的语音环境和口音，提高语音识别的泛化能力。在实际应用中，语音识别技术还与自然语言处理、机器学习等技术相结合，实现更加智能的语音交互功能。例如，在智能客服领域，语音识别技术可以将客户的语音问题转换为文本，然后通过自然语言处理技术理解客户的问题，并利用机器学习算法从知识库中找到最佳的答案，为客户提供准确的服务。

自然语言处理： 自然语言处理是让计算机能够理解和处理人类自然语言的技术。深度学习在自然语言处理领域的应用，使得计算机能够更加准确地理解人类的语言，实现文本分类、情感分析、机器翻译、聊天机器人等功能。

聊天机器人是自然语言处理技术的一个典型应用。它可以通过与用户的对话，理解用户的需求和问题，并提供相应的回答和建议。深度学习模型可以对大量的对话数据进行学习，理解人类语言的语义、语法和语用规则，从而实现更加智能的对话交互。如今，许多企业都采用了聊天机器人来处理客户的咨询和问题，提高客户服务的效率和质量。例如，电商平台的客服聊天机器人可以快速回答客户关于商品信息、订单状态、售后服务等问题，为客户提供便捷的服务。

机器翻译也是自然语言处理领域的一个重要应用。它可以将一种语言的文本自动翻译成另一种语言的文本。深度学习技术的应用，使得机器翻译的准确性和流畅性得到了大幅提升。通过对大量的双语平行语料进行学习，深度学习模型可以自动学习两种语言之间的转换规则，实现更加准确和自然的翻译。如今，人们可以通过在线翻译工具或手机应用程序，轻松地实现不同语言之间的翻译，打破了语言交流的障碍。

1.5 人工智能与生活：从理论走进实践

人工智能诞生之初，AI助手已渗透生活的各个角落，人工智能的威力远超你的想象。

1.5.1 医疗领域

在医疗领域，人工智能正发挥着越来越重要的作用，成为医生的得力助手，为患者的健康保驾护航。人工智能辅助诊断技术通过对大量医学影像和病例数据的深度学习，能够快速、准确地识别出疾病的特征，帮助医生作出更精准的诊断。以肺部疾病诊断为例，人工智能可以对胸部 CT 影像进行分析，快速检测出肺结节的位置、大小和形态等信息，并通过与大量病例数据的对比，判断结节的良恶性。这大大提高了诊断的效率和准确性，减少了人为因素导致的误诊和漏诊。在实际应用中，一些医院已经引入了人工智能辅助诊断系统，医生在诊断过程中，可以参考人工智能给出的诊断建议，结合自己的临床经验，作出更加科学的决策。这不仅提高了医疗服务的质量，也为患者争取了宝贵的治疗时间。

1.5.2 交通领域

在交通领域，人工智能的应用让城市的交通变得更加智能和高效。智能交通系统通过传感器、摄像头等设备实时收集交通流量、车速、车辆位置等信息，并利用人工智能算法对这些数据进行分析和处理，从而实现对交通流量的优化和管理。智能红绿灯就是人工智能在交通领域的一个典型应用。传统的红绿灯通常按照固定的时间间隔切换，无法根据实际交通流量进行灵活调整，容易导致交通拥堵。而智能红绿灯则可以通过感应设备实时监测路口的车流量，根据车流量的大小自动调整红绿灯的时长。当某个方向的车流量较大时，智能红绿灯会自动延长该方向的绿灯时间，减少车辆的等待时间；当车流量较小时，则缩短绿灯时间，提高道路的通行效率。通过这种方式，智能红绿灯能够有效缓解交通拥堵，提高道路的通行能力。除了智能红绿灯，人工智能还应用于智能交通监控、自动驾驶等领域。智能交通监控系统可以通过图像识别技术实时监测交通违法行为，如闯红灯、超速、违规变道等，并及时发出警报，提高交通管理的效率和准确性。自动驾驶技术则让汽车具备了自动行驶的能力，通过传感器、摄像头和人工智能算法，汽车能够实时感知周围的环境，作出合理的驾驶决策，提高行驶的安全性和舒适性。

1.5.3 教育领域

在教育领域，人工智能的融入为学生带来了更加个性化、高效的学习体验。人工智能可以根据学生的学习情况、兴趣爱好和能力水平，为每个学生制定个性化的学习方案，实现真正的因材施教。智能学习平台就是人工智能在教育领域的一个重要应用。这些平台通过收集和分析学生的学习数据，如学习进度、答题情况、作业完成情况等，了解学生的学习状况和需求，为学生提供个性化的学习资源和学习建议。当学生在学习数学时遇到困难，智能学习平台可以根据学生的答题情况，分析学生在哪些知识点上存在不足，然后为学生推荐相关的学习视频、练习题和辅导资料，帮助学生有针对性地进行学习。智能学习平台还可以根据学生的学习进度和能力水平，自动调整学习内容的难度，让学生始终在适合自己的学习节奏下进行学习。除了个性化学习方案制定，人工智能还应用于智能辅导、智能测评等领域。智能辅导系统可以通过自然语言处理技术与学生进行交互，解答学生的问题，帮助学生解决学习中遇到的困难。智能测评系统则可以对学生的学习成果进行实时评估，为教师和学生提供及时的反馈，帮助教师调整教学策略，帮助学生改进学习方法。

1.6 大模型登场：人工智能的"超级大脑"

1.6.1 大语言模型的概念

大语言模型（Large Language Model，LLM）是一种基于深度学习技术构建的人工智能模型，旨在理解和生成自然语言。它通过对海量文本数据的学习，掌握语言的结构、语法、语义和语用等方面的知识，从而能够用各种自然语言处理任务，如文本生成、问答、翻译、摘要提取等。

大语言模型的核心在于其庞大的参数规模和强大的学习能力。这些模型通常包含数十亿甚至数万亿个参数，通过在大规模的语料库上进行无监督学习，模型能够自动学习语言中的各种模式和规律。GPT-3 拥有 1750 亿个参数，GPT-4 的参数数量更是达到了约 1.8 万亿。这些模型在训练过程中，对互联网上的大量文本数据进行学习，涵盖了新闻、小说、论文、博客等各种类型的文本，从而具备了广泛的语言知识和强大的语言处理能力。

大语言模型的工作原理基于 Transformer 架构，这是一种能够并行处理数据的神经网络结构。它通过"自注意力机制"来捕捉词汇之间的关系，理解上下文，从而生成符合逻辑的语言输出。在处理一段文本时，Transformer 架构能够同时关注文本中的不同位置，计算每个位置与其他位置之间的关联程度，从而更好地理解文本的整体含义。这种机制使得大语言模型在处理自然语言时，能够更好地捕捉语言中的语义和语法信息，生成更加连贯和准确的文本。

1.6.2 大语言模型的训练过程

大语言模型的训练是一个复杂而庞大的工程，需要大量的数据、强大的算力和先进的算法。其训练过程主要包括以下几个关键阶段：

数据收集：数据是大语言模型训练的基础，为了让模型学习到丰富的语言知识和多样的语言表达方式，需要收集大量的文本数据。这些数据来源广泛，包括互联网上的书籍、文章、社交媒体帖子、对话记录等。数据的多样性和质量直接影响着模型的性能和泛化能力。为了确保数据的质量，需要对收集到的数据进行清洗和预处理，去除噪声数据、重复数据和错误数据，对文本进行分词、标注等操作，以便模型能够更好地理解和学习数据中的语言模式。

预训练：预训练是大语言模型训练的核心阶段，在这个阶段，模型使用无监督学习方法在大规模的文本数据上进行训练。其主要任务是预测下一个词，通过不断学习文本中的语言结构和模式，模型逐渐掌握语言的基本规律和知识。在预训练过程中，模型会对输入的文本进行分析，学习词汇之间的关联、语法结构、语义关系等。随着训练的进行，模型的参数被不断调整和优化，使其能够更好地拟合训练数据，从而具备强大的语言理解和生成能力。预训练阶段通常需要消耗大量的计算资源和时间，因为模型需要处理海量的数据，并进行复杂的计算和优化。

微调：经过预训练的模型虽然具备了一定的语言能力，但在特定的任务和领域中，可能还需要进一步优化和调整。微调就是在特定的数据集上对预训练模型进行有监督学习，使其能够更好地适应特定的任务和领域。如果要将大语言模型应用于医疗领域的问答系统，就需要使用医疗领域的专业文本数据对模型进行微调。在微调过程中，模型会根据预先标注好的训练数据，学习特定任务的相关知识和模式，调整模型的参数，以提高在该任务上的性能和表现。通过微调，模型能够更加准确地回答医疗领域的问题，提供更专业的建议和解决方案。

基于人类反馈的强化学习：为了使模型的输出更加符合人类的价值观和期望，近年来基于人类反馈的强化学习（Reinforcement Learning from Human Feedback，RLHF）技术被广泛应用于大语言模型的训练中。RLHF 的基本思想是让模型与人类进行交互，根据人类的反馈来调整模型的行为。在训练过程中，模型会生成多个候选输出，然后由人类评估者对这些输出进行打分和排序，模型根据这些反馈信息，通过强化学习算法来调整自己的参数，使得生成的输出更符合人类的偏好和期望。通过 RLHF 技术，模型能够学习人类的语言习惯、价值观和道德准则，从而生成更加合理、准确和有用的回答。

1.6.3 大语言模型的局限性

尽管大语言模型在自然语言处理领域取得了显著的成果，但它们仍然存在一些局限性，需要在应用中加以注意。

缺乏真实理解：大语言模型并不具备真正的理解能力，其生成的内容基于统计学习和模式匹配，而非对语义的深层次理解。模型只是根据训练数据中出现的语言模式和统计规律来生成文本，它并不真正理解文本所表达的含义和背后的逻辑关系。在某些情况下，模型可能会生成看似合理但实际上毫无意义或与事实不符的内容。当被问到一些复杂的科学问题或需要深入推理的问题时，模型可能会给出一些模糊或不准确的回答。

偏见与错误：大语言模型的训练数据源于互联网上的各种文本，这些数据可能包含各种偏见、错误和误导性信息。模型在学习过程中，可能会不自觉地学习到这些带有偏见和错误的信息，从而在生成的内容中体现出来。模型可能会对某些群体产生刻板印象，或者传播一些不实的信息。在使用大语言模型时，用户需要对其输出内容进行谨慎的评估和验证，避免受到偏见和错误信息的影响。

上下文限制：大语言模型在处理较长文本时可能会丧失上下文信息，导致生成的内容不连贯或与前文矛盾。虽然 Transformer 架构在一定程度上提高了模型对上下文的理解能力，但当文本长度过长或语义关系过于复杂时，模型仍然难以准确把握上下文的含义。在处理长篇文章的摘要或续写时，模型可能会出现丢失关键信息或偏离主题的情况。

知识更新滞后：大语言模型的训练数据是在某个特定时间点收集的，因此模型的知识储备相对固定，无法及时更新最新的知识和信息。当出现新的事件、技术或研究成果时，模型可能无法提供最新的相关内容。如果用户询问关于最新的科研突破或时事热点，模型可能会因为更新不及时而给出过时的回答。

1.6.4　主流的大语言模型

随着人工智能技术的快速发展，涌现出了许多主流的大语言模型，它们在不同的应用场景和领域中发挥着重要的作用。

GPT 系列：由 OpenAI 开发的 GPT 系列是目前最知名的大语言模型之一，包括 GPT-3、GPT-3.5、GPT-4 等版本。GPT 系列模型以其强大的语言生成能力和广泛的应用场景而备受关注。GPT-4 在自然语言生成、对话交互、逻辑推理等方面都表现出了卓越的性能，能够处理各种复杂的任务，如撰写文章、回答问题、生成代码等。它在客服领域，可以快速准确地回答用户的问题，提供优质的服务；在内容创作领域，能够根据用户的需求生成高质量的文章、故事、诗歌等。

LLaMA：Meta 推出的 LLaMA（Large Language Meta AI）是一个开源的大语言模型，具有不同规模的版本，如 7B、13B、33B 和 65B 参数版本。LLaMA 模型在数万亿令牌上进行了训练，展示了使用公开可用数据集训练先进模型的可能性。它在自然语言处理任务中表现出色，尤其在一些特定的应用场景中，如学术研究、开源项目开发等，受到了广泛的关注和应用。研究人员可以基于 LLaMA 模型进行二次开发，探索更多的应用可能性。

文心一言：百度研发的文心一言是知识增强大语言模型，它能够与人对话互动，回答问题，协助创作，高效便捷地帮助人们获取信息、知识和灵感。文心一言拥有广泛的知识储备和语言理解能力，结合了百度在搜索引擎、知识图谱等领域的技术优势，能够更好地理解用户的问题，并提供准确、详细的回答。在智能搜索领域，文心一言可以根据用户的查询，提供更加精准的搜索结果和相关知识；在创作辅助方面，它能够为用户提供创意和思路，帮助用户完成各种写作任务。

通义千问：通义千问是阿里云推出的大语言模型，具备多模态理解和生成能力，能够实现文本生成、知识问答、代码生成等多种功能。通义千问在训练过程中，充分利用了阿里云的云计算能力和丰富的数据资源，致力为用户提供高效、智能的服务。在企业智能办公领域，通义千问可以帮助员工快速生成报告、方案等文档，提高工作效率；在智能客服领域，它能够快速响应客户的咨询，解决客户的问题，提升客户满意度。

1.7　未来展望：人机共生的新纪元

人工智能的未来充满了无限的可能性，它将继续在各个领域深入发展，为人类的生活和工作带来更加深刻的变革。在医疗领域，人工智能有望在疾病的早期诊断、个性化治疗方案制定以及药物研发等方面取得更大的突破。通过对海量医疗数据的分析和学习，人工智能能够更准确地预测疾病的发生风险，为患者提供更精准的治疗建议。在癌症诊断中，人工智能可以通过对患者的基因数据、影像数据和临床数据的综合分析，实现癌症的早期筛查和精准诊断，提高患者的治愈率。人工智能还将助力医疗机器人的发展，使手术更加精准、微创，减少患者的痛苦和恢复时间。

在交通领域，自动驾驶技术将逐渐成熟并得到广泛应用。未来，我们可能会看到更多的自动驾驶车辆行驶在道路上，它们能够实现高效的交通流量优化，减少交通事故的发生，提高出行的安全性和便利性。自动驾驶技术还将改变物流行业的运作模式，实现货物的自动配送，降低物流成本。智能交通系统也将不断完善，通过实时监测交通状况，实现交通信号的智能控制，缓解交通拥堵，让城市的交通更加畅通。

在教育领域，人工智能将进一步推动教育的个性化和智能化发展。智能教育系统将能够根据每个学生的学习特点和需求，提供更加个性化的学习内容和教学方法，满足不同学生的学习进度和兴趣爱好。人工智能还将助力虚拟教学环境的建设，让学生能够身临其境地体验各种学习场景，提高学习的趣味性和效果。通过虚拟现实和增强现实技术，学生可以穿越时空，参观历史古迹、进行科学实验，拓宽视野，增强学习的沉浸感。

然而，人工智能的快速发展也带来了一些挑战和问题，需要我们认真思考和应对。随着人工智能在各个领域的广泛应用，就业结构可能会发生重大变化。一些重复性、规律性强的工作岗位可能会被自动化和智能化技术所取代，导致部分人员失业。为了应对这一挑战，需要加强对劳动者的技能培训，提高他们的数字素养和创新能力，使他们能够适应新的就业需求。政府和企业应加大对职业教育和培训的投入，提供多样化的培训课程，帮助劳动者掌握人工智能相关的技能，如数据分析、机器学习、编程等，以提升他们在就业市场上的竞争力。

数据隐私和安全也是人工智能发展中不容忽视的问题。人工智能系统需要大量的数据来进行训练和学习，这些数据往往包含个人的敏感信息。如果数据泄露或被滥用，将会给个人和社会带来严重的损失。因此，需要加强数据隐私保护的法律法规建设，建立健全的数据安全管理体系，采用先进的加密技术和访问控制机制，确保数据的安全和隐私。企业和机构也应加强自身的数据安全意识，加强对数据的管理和保护，防止数据泄露事件的发生。

人工智能的发展是一把双刃剑，它既带来了前所未有的机遇，也带来了一些挑战。我们应该积极拥抱人工智能技术，充分发挥其优势，同时也要关注其带来的问题，采取有效的措施加以应对，让人工智能更好地服务于人类，为我们创造更加美好的未来。

第 2 章
DeepSeek 概述

2.1 DeepSeek 简介

在科技的浩瀚星空中，DeepSeek 宛如一颗璀璨的新星，以破竹之势闯入人们的视野，在人工智能领域掀起了惊涛骇浪。2025 年 1 月 27 日，美国股市经历了一场惊心动魄的震荡，英伟达、微软、Alphabet、Meta 等美国主要科技股遭遇重挫，其中英伟达股价暴跌近 17%，单日市值蒸发约 6000 亿美元，创美股最高纪录。而引发这场股市地震的幕后"推手"，正是来自中国的人工智能初创公司——深度求索（DeepSeek）。

DeepSeek 由杭州深度求索人工智能基础技术研究有限公司开发，其成立于 2023 年 7 月，虽"年龄"尚小，却在人工智能领域展现了非凡的实力和潜力。它是一款大型语言模型，如同一个知识渊博、思维敏捷的超级大脑，具备强大的自然语言处理能力。无论是日常的聊天对话，还是复杂的问题求解，抑或是专业的代码编写、资料整理，DeepSeek 都能应对自如，为用户提供精准、高效的服务。

与其他同类模型相比，DeepSeek 在技术上实现了重大突破。它采用了先进的算法和优化技术，在算力的使用上更加高效，大大降低了对数据量和算力的依赖。以往，像 OpenAI 等公司开发模型往往遵循"大力出奇迹"的模式，需要大量的算力和庞大的数据量来支撑。而 DeepSeek 却另辟蹊径，实现了"小力也可以出奇迹"，以较小的算力和相对较少的数据量，通过创新的方法达到了卓越的性能表现。这种技术上的突破，不仅为人工智能的发展开辟了新的道路，也让更多的研究机构和开发者看到了在资源有限的情况下，实现技术突破的可能性。

在成本方面，DeepSeek 更是展现出了巨大的优势。以其最新发布的模型 DeepSeek-R1

为例，该模型的训练仅耗时不到两个月，计算能力仅花费了不到 600 万美元。而美国公司在人工智能技术上的投入往往数以亿计，甚至达到数十亿美元。低成本的优势使得 DeepSeek 在市场竞争中脱颖而出，让更多的用户能够以较低的成本享受到先进的人工智能技术，推动了人工智能技术的普及和应用。

2.2　DeepSeek 技术原理

　　DeepSeek 之所以能在人工智能领域大放异彩，离不开其先进的技术原理。它基于深度学习技术，模拟人脑神经网络的结构和功能，通过构建大量的神经元和连接，让计算机能够自动从海量数据中学习特征和模式。在模型架构上，DeepSeek 采用了 Transformer 架构，这是一种基于自注意力机制的深度学习模型，能够有效处理序列数据中的长距离依赖关系，在自然语言处理等任务中表现出色。

　　以翻译任务为例，传统的循环神经网络在处理长句子时，由于需要依次处理每个单词，容易出现梯度消失或梯度爆炸的问题，其对长距离依赖关系的捕捉能力较弱。而 Transformer 架构的自注意力机制，就像是给模型赋予了"超能力"，它能够让模型在处理每个单词时，同时关注句子中的其他单词，从而更好地理解句子的整体含义，准确地完成翻译任务。

　　除了 Transformer 架构，DeepSeek 还引入了混合专家模型（Minture of Experts，MoE）。MoE 架构就像是一个由众多专家组成的团队，每个专家都擅长处理某一类特定的任务。当模型收到一个任务时，它会根据任务的特点，动态地选择最擅长处理该任务的专家去执行，而不是让所有的模块都来处理，这样大大减少了不必要的计算量，让模型处理复杂任务时又快又灵活。比如 DeepSeek-V3 拥有 6710 亿参数，但每个 token（最小语义单位）仅激活 370 亿参数，通过这种方式，模型在保持强大能力的同时，显著提高了运行效率。

　　在训练方法上，DeepSeek 采用了分布式训练、混合精度训练、强化学习与多词元预测等多种先进技术。分布式训练就像是一次大规模的团队协作，将训练数据分配到多个计算节点上，每个节点独立计算梯度，最后进行梯度聚合和参数更新，大大加快了训练速度。混合精度训练则利用半精度（FP16）和单精度（FP32）浮点数进行训练，在减少显存占用、加速训练过程的同时，通过损失缩放等技术，有效避免了精度损失，保证了模型性能。强化学习让模型能够自主发现推理模式，通过不断地试错和学习，优化自身的推理能力；多词元预测技术则可以一次预测多个 token，就像说话时会连续说出几个词来表达同一个意思，大大提高了模型的推理速度和生成内容的连贯性。

2.3 DeepSeek 性能优势

在性能方面，DeepSeek 展现出了强大的实力，与其他模型相比优势明显。在推理能力上，以 DeepSeek-R1 为例，在第三方基准测试数据中，其在复杂问题解决及编码的精确度方面，优于 Meta 的 Llama 3.1、OpenAI 的 GPT-4o 以及 Anthropic 的 ClaudeSonnet 3.5 等主流模型。在面对一道复杂的数学逻辑推理题时，DeepSeek 能够快速分析题目中的条件和关系，通过清晰的逻辑推理，给出准确的答案，而其他一些模型可能会出现推理过程不连贯或答案不准确的情况。

在自然语言处理任务中，DeepSeek 同样表现出色。无论是文本生成、情感分析还是机器翻译，它都能轻松应对。在文本生成方面，它生成的文本内容丰富、逻辑连贯、语言自然，能够满足各种场景的需求。比如，让它创作一篇关于人工智能未来发展的文章，它不仅能够阐述人工智能的发展趋势，还能结合实际案例进行分析，提出独到的见解，文章结构严谨，语言表达流畅，就像一位资深的行业专家撰写的一样。

在图像和视频分析领域，DeepSeek 也在不断拓展其能力边界。虽然它主要侧重于自然语言处理，但通过与其他技术的结合，已经能够实现一些多模态的应用。它可以对图像中的内容进行描述，结合图像中的视觉信息和文本信息，进行更深入地理解和分析；在视频分析方面，它能够识别视频中的关键事件、人物动作等，为视频内容的理解和管理提供有力支持。

除了强大的处理能力，DeepSeek 的成本优势也不容忽视。其训练成本相对较低，初版模型仅使用 2048 块 GPU 训练了 2 个月，只花费了近 600 万美元。而其他一些大型模型的训练成本往往数以亿计，高昂的成本限制了很多小型企业和研究机构的参与。DeepSeek 的低成本优势，使得更多的组织和个人能够参与人工智能的研究和应用开发，推动了人工智能技术的普及和发展。同时，它的训练速度也较快，能够在较短的时间内完成模型的训练和优化，满足用户对快速迭代模型的需求。

2.4 DeepScck 应用场景

DeepSeek 的应用场景十分广泛，涵盖了多个领域。在教育领域，它可以作为智能学习助手，帮助学生解答各种学科问题，提供个性化的学习建议和辅导。在教学学习中，当学生遇到数学难题时，DeepSeek 能够详细地讲解解题思路和方法，引导学生逐步理解和掌握知识点；在语文学习中，它可以帮助学生进行作文批改、语法纠错，提高学生的写作能力。

在医疗领域，DeepSeek 可以辅助医生进行疾病诊断和治疗方案的制定。它能够快速分析患者的病历、检查结果等数据，提供可能的诊断建议和治疗参考，帮助医生作出更准确的决策。对于一些罕见病和复杂病例，DeepSeek 还可以通过分析大量的医学文献和病例数据，为医生提供新的治疗思路和方法。

在金融领域，DeepSeek 可以用于风险评估、投资分析等。它能够对市场数据、企业财务报表等进行深入分析，评估投资风险，预测市场趋势，为投资者提供决策支持。在信贷审批中，DeepSeek 可以快速评估申请人的信用状况，提高审批效率和准确性。

在娱乐领域，DeepSeek 也有着广泛的应用。它可以用于游戏开发，为游戏角色赋予更智能的对话和行为，提升游戏的趣味性和互动性；在影视创作中，它可以帮助编剧生成故事创意、剧本大纲，提高创作效率。

2.5　选择 DeepSeek 的原因

选择 DeepSeek，首先是因为它强大的性能和广泛的适用性。无论是在科研领域，帮助研究人员进行数据分析、文献综述，还是在商业领域，助力企业进行客户服务、市场分析、内容创作，DeepSeek 都能发挥重要作用。它能够理解和处理各种复杂的任务，为用户提供高质量的解决方案，提高工作效率和质量。

其次，DeepSeek 的成本优势使得它成为众多用户的理想选择。对于小型企业和研究机构来说，有限的预算往往限制了他们对先进技术的应用。而 DeepSeek 以较低的成本提供了强大的功能，让这些用户也能够享受到人工智能带来的便利和优势。即使是大型企业，在追求高效益的同时，也会考虑成本因素，DeepSeek 的低成本无疑增加了它在市场上的竞争力。

此外，DeepSeek 的开源和持续创新也是吸引用户的重要因素。它秉持开源精神，将其最新的 AI 系统开源，与全球开发者共享代码，这为开发者提供了更多的创新空间和可能性。开发者可以基于 DeepSeek 的开源代码进行二次开发和优化，满足不同场景的需求。同时，DeepSeek 团队不断进行技术创新和模型优化，定期推出新的版本和功能，使得模型能够不断适应新的任务和挑战，保持其在人工智能领域的领先地位。

第3章
DeekSeek 基本操作

DeepSeek 是完全国产化的大语言模型，它的基本功能是文本交互，即通过输入提示词获得相应回复，从而达到辅助工作的作用。要想将 DeepSeek 这一工具用好，必须熟悉其基本操作。

3.1 注册与登录

DeepSeek 和其他大部分大语言模型一样，想要使用需要进行用户注册并登录。首先在浏览器中进入 DeepSeek 官网，如图 3-1 所示。

图 3-1 DeepSeek 官网

在界面下方有两个按钮。单击左侧"开始对话"按钮，会打开一个新的页面，如果当前还没有登录账户，就会跳转到登录页面，如图 3-2 所示。

图 3-2　DeepSeek 登录页面

　　DeepSeek 的注册和登录使用同一个界面，国内版 DeepSeek 目前仅支持手机号和微信注册。如果当前手机号没有被注册，登录时会自动注册。使用手机号注册需要选择"验证码登录"（这也是默认的登录方式）。用户需要输入手机号（默认是中国大陆地区手机号，区号 86），登录即代表用户已经阅读并同意 DeepSeek 的用户协议与隐私政策，为了保障自身的合法权益和隐私安全，建议仔细阅读后再注册，之后单击"发送验证码"按钮。当手机收到验证码短信之后，将验证码填入对应输入框后，单击"登录"按钮即可跳转到主界面，如图 3-3 所示。

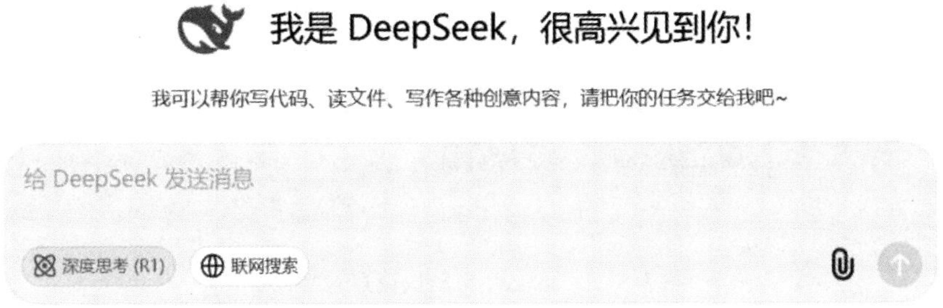

图 3-3　DeepSeek 主界面

　　也可以打开手机微信扫描右侧二维码注册，如图 3-4 所示。

图 3-4　DeepSeek 微信登录界面

如果当前电脑存在已登录的微信，界面会自动检测到登录账号，这时可以单击"微信快捷登录"按钮，直接登录，如图 3-5 所示。

图 3-5　DeepSeek 微信快捷登录界面

注册后，会提示"DeepSeek 申请使用你的头像、昵称"，点击"允许"按钮即可，如图 3-6 所示。

图 3-6　DeepSeek 申请使用头像和昵称

单击"允许"按钮后,DeepSeek 为了保障账号安全,要求绑定手机号,如图 3-7 所示,输入手机号和验证码后,方能注册成功。

图 3-7　绑定手机号

绑定手机号时需要进行验证,根据提示进行操作即可,如图 3-8 所示。

图 3-8　注册验证

通过验证之后，单击"绑定"按钮，即可跳转到主界面。

如果不想使用验证码登录，也可以选择注册登录账户。单击"密码登录"按钮，单击"登录"按钮右下方的"立即注册"按钮，打开图 3-9 所示界面。

图 3-9　注册用户

之后输入手机号和密码，单击"发送验证码"按钮。当手机收到验证码短信之后，将验证码填入对应输入框。单击"注册"按钮，即可跳转到主界面。

注册成功后，下次输入账号密码即可登录，开启 DeepSeek 之旅。

3.2　界面介绍与导航

在浏览器中打开 DeepSeek 官方网站之后进入首页，如图 3-10 所示。在页面中，左上角是 DeepSeek 的 Logo 和名称，右上角是 API 开放平台（在 3.5 节 DeepSeek API 开放平台中介绍）和语言切换按钮。DeepSeek 允许用户使用中文和英文界面。

图 3-10　DeepSeek 官网

在页面中上方，有一条最新新闻，单击可以查看详细内容。

在页面下方有两个按钮。单击左侧"开始对话"按钮，会打开一个新的页面，开始和 DeepSeek 进行交互。当鼠标悬浮在右侧"获取手机 App"按钮上时，会弹出一个二维码，手机扫描二维码即可下载 DeepSeek 手机 App。

页面最下方是 DeepSeek 的一些链接，有各个版本的 GitHub 网址，各版本的网址和用户文档等内容。

当进入对话页面后，左侧有一个收起的边栏，如图 3-11 所示。单击"打开边栏"按钮，可以看到历史对话记录，即每一次和 DeepSeek 的交互均有存档，如图 3-12 所示。

图 3-11　打开边栏

图 3-12　历史记录

在边栏上有"开启新对话"按钮、"下载 App"按钮和"个人信息"按钮。

在对话页面的输入框中输入想要和 DeepSeek 沟通的内容，输入之后，输入框右下角的向上箭头按钮变成蓝色背景，单击"箭头"按钮，就可以进行交互，如图 3-13 所示。

例如：输入"2025 年 IT 领域热门新闻或技术有哪些？"，单击按钮之后，DeepSeek 就会自动生成答案，如图 3-14 所示。在答案生成过程中，箭头变成"停止"按钮。单击"停止"按钮可以终止生成。

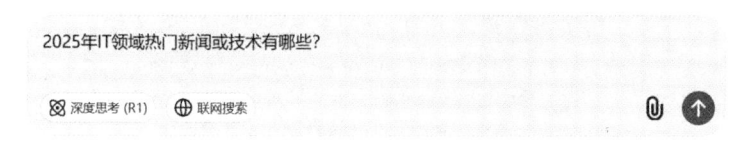

图 3-13　输入文字

图 3-14　生成答案

答案生成之后，在答案下方出现四个按钮，分别为复制、重新生成、喜欢和不喜欢，如图 3-15 所示。单击"复制"按钮，可以将答案复制为 Markdown 格式，用于后续修改。如果不喜欢当前答案，可以单击"重新生成"按钮，让 DeepSeek 重新回答。如果对答案感到满意，可以单击"喜欢"按钮，给 DeepSeek 反馈。如果多次生成均不满意，也可以单击"不喜欢"按钮。

DeepSeek 会记录每一次的问题，并进行综合分析。如果希望开启一个新的问题，而不和之前的问题关联，可以单击答案下方的"开启新对话"按钮，开启新的交互。

如果对之前的提问不满意，或者 DeepSeek 出现意外中断回答，也可以单击问题前方的两个按钮（鼠标悬浮到问题上时出现）：复制和编辑，如图 3-16 所示。

单击"编辑"按钮，DeepSeek 会自动将原问题放到输入框中，用户可以再次提问，如图 3-17 所示。

图 3-15　答案操作按钮

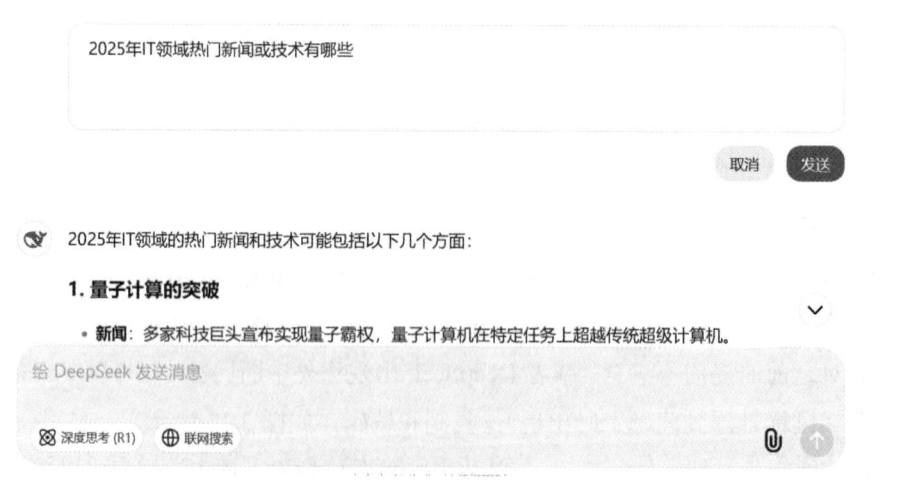

图 3-16　复制和编辑按钮

图 3-17　再次提问

此时，单击"发送"按钮，在问题下方会出现提问次数标志，如图 3-18 所示。

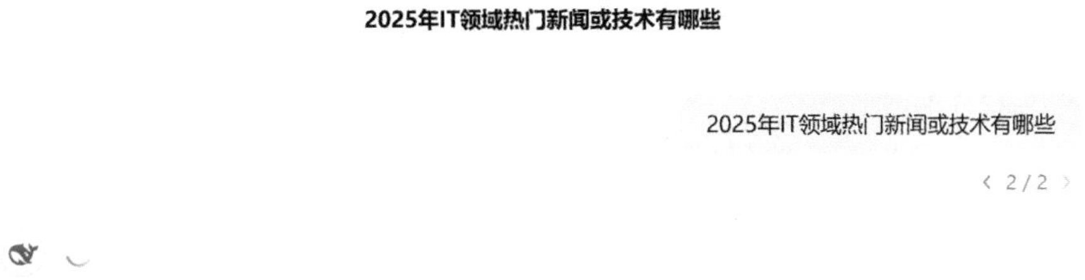

2025年IT领域热门新闻或技术有哪些

2025年IT领域热门新闻或技术有哪些

< 2 / 2 >

图 3-18　提问次数

3.3　增强功能

目前 DeepSeek 在线版使用的模型为 DeepSeek-V3 版，可以使用深度思考或联网搜索功能提升问答效果，如图 3-19 所示。

给 DeepSeek 发送消息

深度思考 (R1)　　联网搜索

内容由 AI 生成，请仔细甄别

图 3-19　增强功能

在 DeepSeek 网页版或 App 中，单击"深度思考 (R1)"按钮开启该模式，然后在文本框内输入问题或任务，模型会基于海量数据进行深度分析，并逐步拆解问题，提供详细的思维链过程和更精准的答案。

深度思考功能基于 DeepSeek-R1-Lite 模型，在回答问题前构建内部思维链，利用强化学习机制和思维链技术，通过链式推理显性化思考路径，逐步分析并得出结论，如图 3-20 所示。

深度思考功能具有以下特点：

- 展示思维过程：不仅给出答案，还呈现完整的分析论证链条，将思考过程像剥洋葱一样一层一层地展示出来，使用户能清晰看到"机器如何思考"。
- 擅长复杂问题：在处理复杂的逻辑推理、数据分析、编程问题以及需要深度创意的工作等方面表现出色，能从多个维度全面分析问题。

图 3-20　深度思考

- 类人推理方式：具有类似人类的推理方式，如自我质疑、返回重新思考、不断假设验证等，在遇到困惑时甚至会"中断"思路。

这种方法，在很多方面效果明显。

- 学习研究：适合处理复杂的学术问题，如数学定理证明、物理原理推导、编程逻辑设计等，帮助学生做奥数题、研究课题，协助科研人员进行学术探索。
- 创意写作：在小说创作、诗歌创作、文案策划等工作中，能帮助梳理情节逻辑、构建创意框架、挖掘主题深度。
- 数据分析：对市场数据、科研数据等进行深入分析，发现数据背后的规律、趋势和潜在关系，为决策提供依据。
- 复杂问题解决：可用于解决工作中遇到的复杂业务问题、管理问题等，例如制定大型项目的策划方案、分析企业发展战略等。

联网搜索功能通过接入互联网，利用网络上丰富的信息资源，自动提取问题中的关键词，并进行多方面的搜索。可以快速获取时效性高的最新信息，如新闻、股市数据、天气、赛事结果等，帮助用户在最短的时间内获得所需的最新信息。

此外，如果问题比较复杂，也可以在提问时上传附件。单击"上传附件"按钮，在弹出窗口中选择文件即可，如图 3-21 所示。上传的文件一般为文档或图片。DeepSeek 会自动识别图片和文件内容进行分析。

图 3-21　上传附件

3.4　基本设置

单击边栏下方的"个人信息"按钮，弹出菜单，如图 3-22 所示。选择"系统设置"选项，弹出"系统设置"窗口，系统设置比较简单，分为通用设置和账户信息两个部分，如图 3-23 所示。

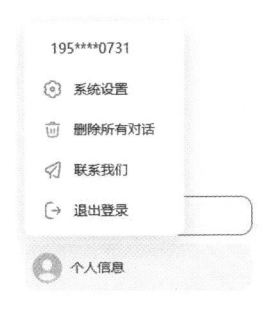

图 3-22　"个人信息"菜单

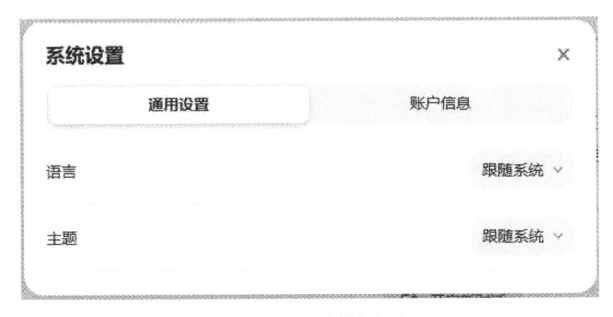

图 3-23　系统设置

通用设置包括语言设置和主题设置，目前网页版 DeepSeek 支持中文和英文两种语言，也可以选择跟随系统。主题分为浅色和深色两种类型，可供用户根据环境选用，也可以选择跟随系统。

账户信息主要是手机号码、用户协议、隐私政策等信息，以及注销账号功能，这部分设置使用频率较低，如图 3-24 所示。

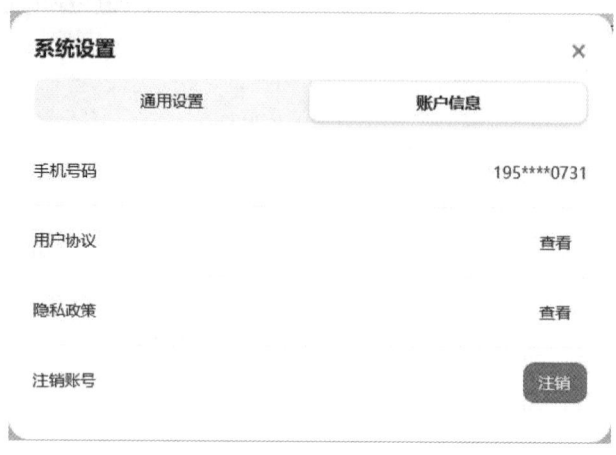

图 3-24　账户信息

3.5　DeepSeek API 开放平台

DeepSeek 不仅可以在线使用，还能嵌入其他软件，这就需要使用 DeepSeek API 开放平台。

单击首页右上角"API 开放平台"链接，此时需要重新进行登录。登录后跳转到 DeepSeek 开放平台页面。页面中显示当前用户 API keys 的使用信息。首次使用前需要进行充值。

在 DeepSeek 开放平台的左侧边栏找到 API keys 项并单击。在新的页面单击"创建 API key"按钮，如图 3-25 所示。

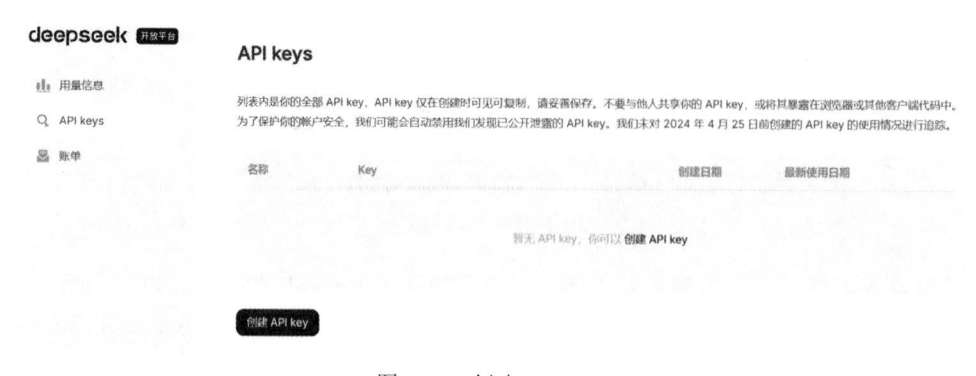

图 3-25　创建 API key

在弹出窗口中输入创建 API key 的名称，单击"创建"按钮，如图 3-26 所示。

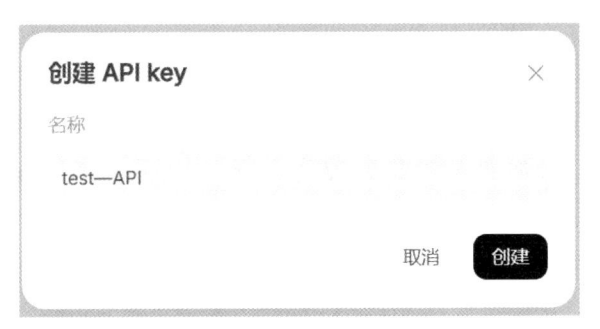

图 3-26　创建 API key 名称

此时会有新的窗口显示创建的 API key，如图 3-27 所示，复制该 API key，并妥善保存。

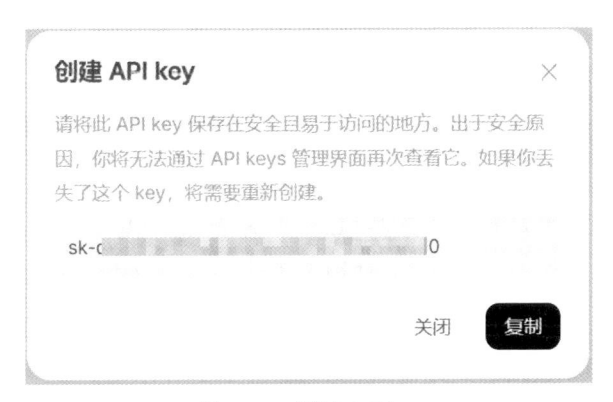

图 3-27　复制 API key

创建完成后，会在页面中显示刚刚创建的信息，如图 3-28 所示，之后可以在其他平台中使用创建好的接口。

图 3-28　创建完成

3.6　DeepSeek 本地部署

DeepSeek 的本地部署（On-Premises Deployment）指将系统部署在企业或组织的自有服务器或私有云环境中，而非依赖第三方公有云服务。这种部署方式在很多场景下具有显著优势。比如在金融、医疗、国家安全等行业可以将数据完全存储于本地服务器，避免第三方云平台的数据泄露风险。同时，本地网络环境可减少数据传输延迟，提升实时性要求高的任务效率（如高频数据分析、实时决策）。在 DeepSeek 开放的初期，由于过于火爆，太多用户同时访问，巨大流量导致系统经常无法回答问题。这时本地部署 DeepSeek 就显得十分必要。

当然尽管优势显著，本地部署也有一些问题，比如：需采购服务器、存储设备及网络设施，并承担运维成本。搭建平台需具备 IT 基础设施搭建、安全防护及系统维护能力。因此是否需要在本地搭建 DeepSeek，需要根据自身的需求来决定。

1. 安装 Ollama

Ollama 是一个开源的大型语言模型（Large Language Model，LLM）服务工具，用于简化在本地运行大语言模型操作，降低使用大语言模型的门槛，使得大模型的开发者、研究人员和爱好者能够在本地环境快速实验、管理和部署最新大语言模型，包括如 Llama 3、Phi 3、Mistral、Gemma 等开源的大型语言模型。

进入 Ollama 官网下载支持 Windows 的安装包，目前 Ollama 支持 macOS 系统、Linux 系统、Windows 系统，如图 3-29 所示。下载之后是一个.exe 可执行文件，双击安装即可。

图 3-29　下载 Ollama

Ollama 在各个平台下的默认模型存储路径如下：

Mac：~/.ollama/models。

Linux：/usr/share/ollama/.ollama/models。

Windows：C:\Users\%username%\.ollama\models。

在 Windows 系统中，Ollama 默认把模型下载到 C 盘，所以安装完成之后建议先更改模型安装目录，否则 C 盘容易空间不足。右击"此电脑"，在弹出的菜单中选择"属性"选项，如图 3-30 所示。

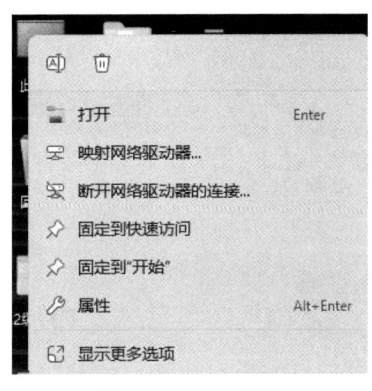

图 3-30　右键菜单

弹出"设置"窗口，如图 3-31 所示，单击"高级系统设置"按钮。

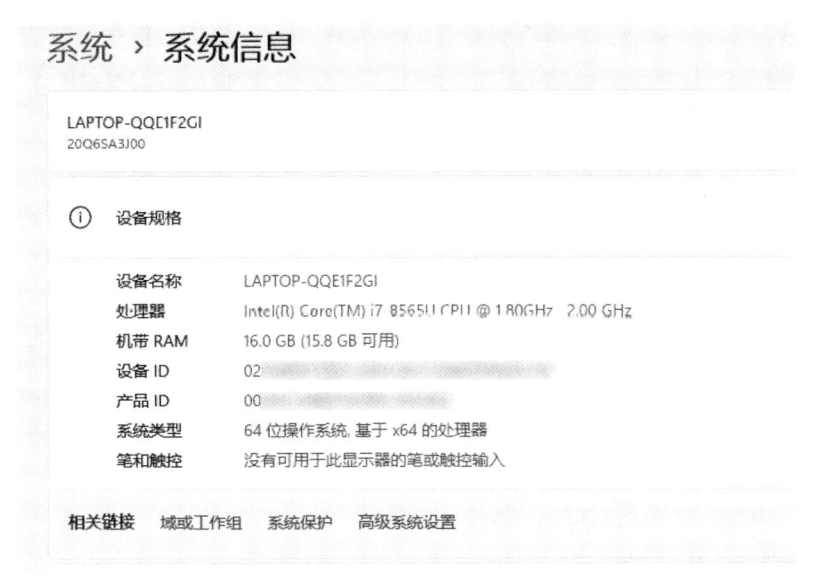

图 3-31　"设置"窗口

在弹出的"系统属性"窗口中，单击"环境变量"按钮，如图 3-32 所示。

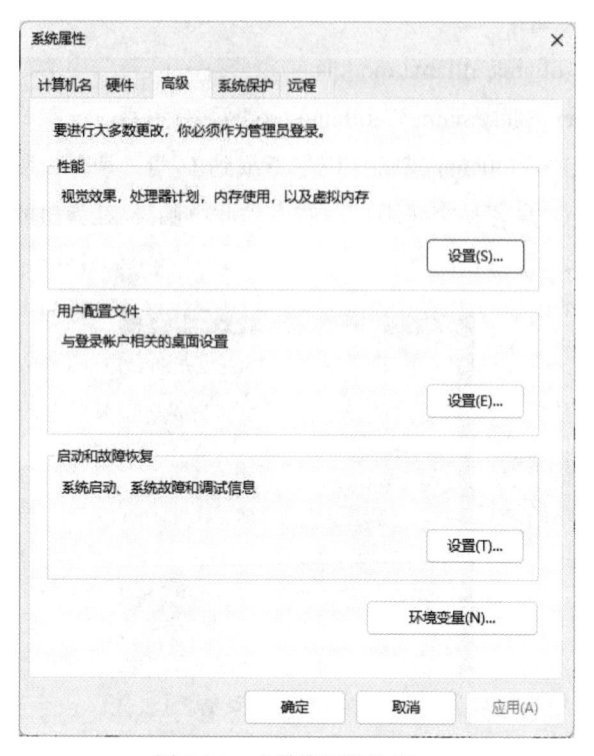

图 3-32 "系统属性"窗口

在系统变量部分，单击"新建"按钮，如图 3-33 所示，弹出"新建系统变量"对话框。

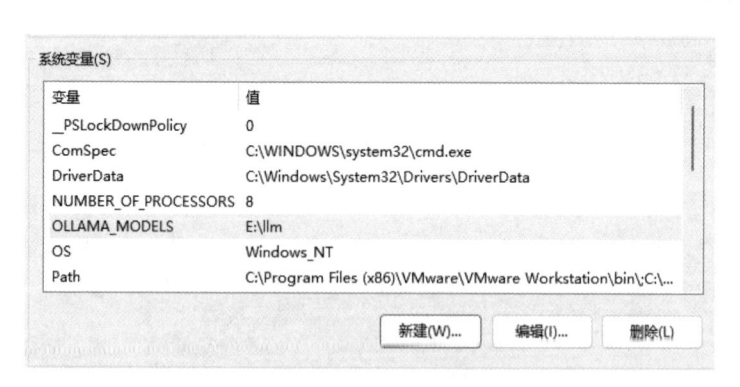

图 3-33 系统变量

在对话框中添加名称为 OLLAMA_MODELS 的变量，变量值就是模型存放的路径，最后单击"确定"按钮，如图 3-34 所示。

图 3-34　新建系统变量

接下来启动 Ollama。使用 Win+R 组合键打开"运行"对话框，输入 cmd，如图 3-35 所示，然后按回车键，打开 Windows 控制台。

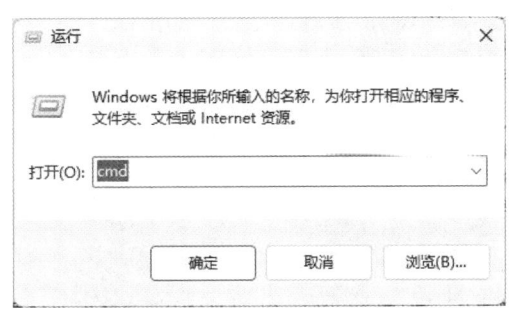

图 3-35　打开命令行窗口

在控制台中输入 Ollama 的启动命令：ollama serve，如图 3-36 所示。启动 Ollama 后，能在任务栏右侧看到 Ollama 的图标（没有的话请重启电脑），如图 3-37 所示。

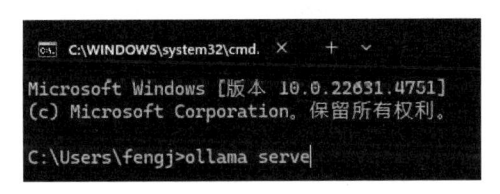

图 3-36　启动 Ollama

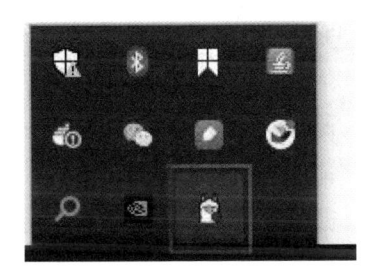

图 3-37　安装成功

到这里本地的 Ollama 就安装好了。

2. 模型下载

安装完成之后，会自动弹出一个命令行窗口，这时候先不进行操作，返回 Ollama 官网，找到 Models 并单击。这里列出了 Ollama 可以兼容的大语言模型，如图 3-38 所示。

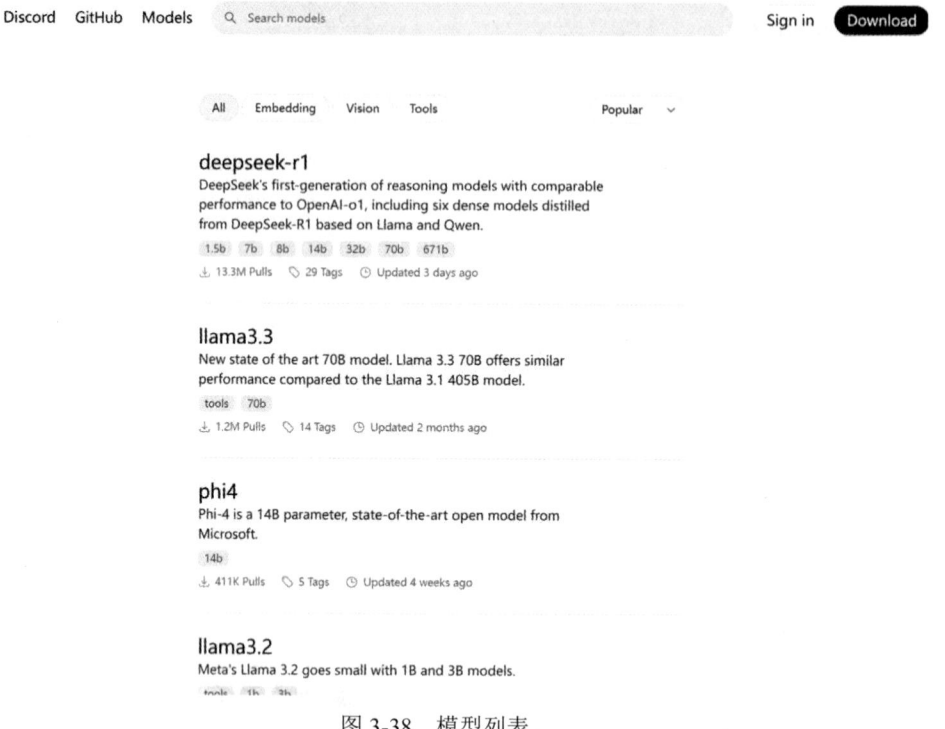

图 3-38　模型列表

有很多模型可以选择，找到 deepseek-r1 模型，或者在搜索框中输入模型名称进行搜索。单击模型条目可查看各个模型，不同模型的执行命令不同，可以依据个人需求进行选择。

DeepSeek-r1 提供多个版本，参数量越大，模型通常越强大，但也需要更多的计算资源，比如 1.5b 代表有 15 亿个参数。目前的版本有 1.5b、7b、8b、14b、32b、70b、671b，根据计算机显存大小选择对应的版本，如图 3-39 所示。

选好之后，复制执行命令，返回刚才打开的命令行窗口。在命令行的后面粘贴执行命令至指定位置，如图 3-40 所示，按回车键执行命令。

第一次运行时，会自动下载 7b 模型，如图 3-41 所示。

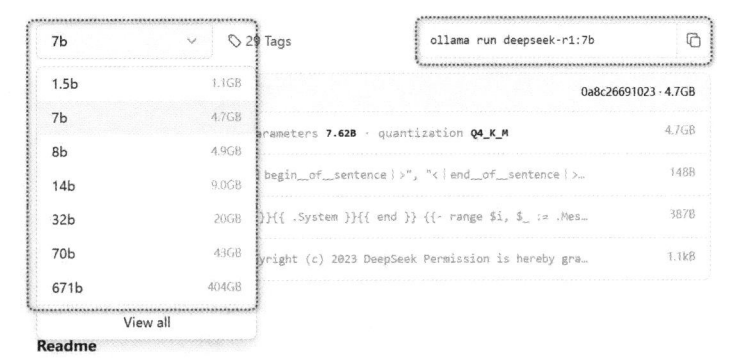

图 3-39　DeepSeek 选择版本

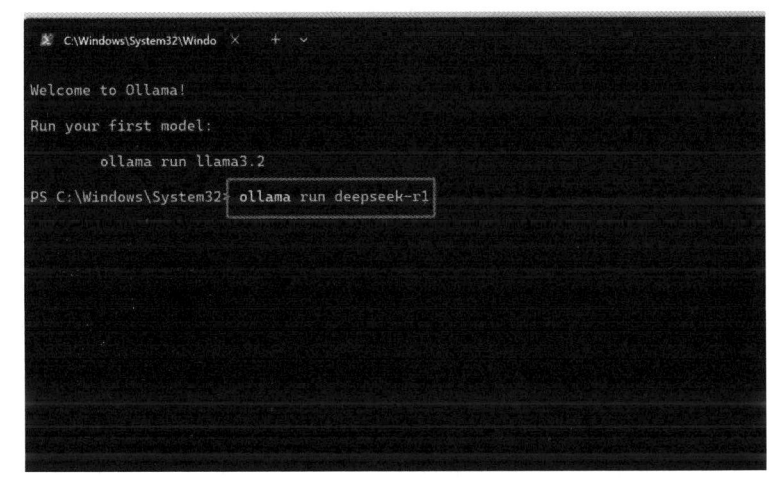

图 3-40　模型下载

图 3-41　DeepSeek 下载中

等待下载完成。界面出现 success 表示安装成功。

对本地 DeepSeek 进行测试。输入：你是谁，应看到 DeepSeek 的回答，如图 3-42 所示。

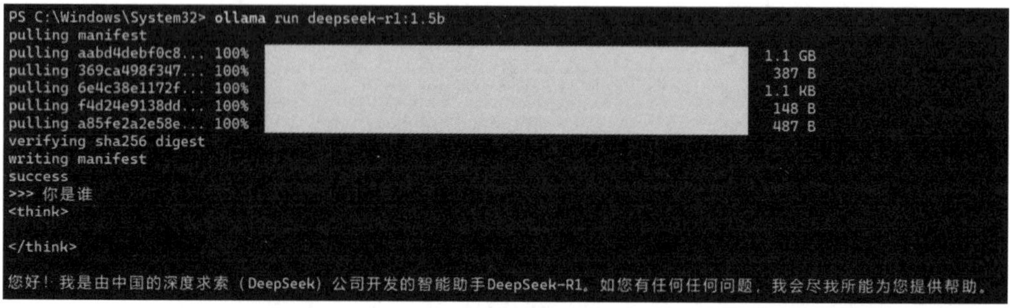

图 3-42　DeepSeek 测试

下载过程中，如果遇到了停止下载的情况，这是因为网络不佳，可以再次粘贴命令，它会从之前中断的地方继续下载模型。

3.7　更强大的文生图模型：Janus Pro

DeepSeek 掀起了一场全民创作热潮，人们大家纷纷借助 DeepSeek-R1 挥洒才情，实现当诗人、小说家的梦想。然而，就在这场文字狂欢之际，DeepSeek 悄然推出了一款重磅产品——Janus Pro。之所以加上 Pro，是因为它是 2024 年发布的 Janus 的增强版，专为提升多模态理解与视觉生成能力而打造。相比前代，Janus Pro 在多个方面进行了优化：

- 改进的训练策略，使模型学习更高效。
- 扩展的训练数据，增强理解能力和生成质量。
- 更大的模型规模，提供更强的表现力。

这些升级使 Janus Pro 在文本到图像生成和多模态理解方面都有了显著提升，同时提高了生成图像的稳定性和一致性。

Janus Pro 目前提供 7B（70 亿）和 1.5B（15 亿）两个参数规模的版本，并已全面开源。不少 AI 社区的开发者认为，这使 Janus Pro 具备了在消费级电脑本地运行的潜力，让更多用户可以自由探索和应用这一强大模型。虽然 Janus Pro 的参数量相较超大规模模型有所限制，但 DeepSeek 团队通过数据增强策略，大幅提升了其图像生成能力。例如，模型的预训练数据中包含 7200 万张高质量合成图像，并采用 1:1 的真实数据与合成数据比例，确保了生成结果的稳定性和多样性。此外，Janus Pro 采用了创新的双路径视觉编码架构，将"理解"与"生成"任务分开处理。这不仅缓解了视觉编码器在不同任务间的角色冲突，也提高了整体模型的灵活性。在多模态理解方面，DeepSeek 团队还额外加入了约 9000 万条训练样本，使 Janus Pro 具备更强的图像识别与知识推理能力，进一步提升了模型的可用性。

3.8　手机版本

DeepSeek 官方同时提供了手机 App 版本，可从官网首页或从应用商店下载，如图 3-43 所示（以安卓系统为例）。

在手机上安装 DeepSeek 之后，打开 App 即可看到主界面，如图 3-44 所示。

图 3-43　App 下载

图 3-44　App 主界面

手机版和网页版使用方法基本一致，可以单击下方的"+"按钮，上传图片或文件，也可以使用语音输入法进行输入，支持中英文混合输入，如图 3-45 所示。

在网页端和 App 端均登录同一账号，历史对话会自动同步（间隔约 1 分钟）。在 App 端向右滑动界面，可以看到历史记录。在 App 端未完成的对话，也可以在网页端继续，如图 3-46 所示。

图 3-45　App 输入功能选项　　　　图 3-46　App 历史记录查看

第4章
编写 DeepSeek 提示词

在与 DeepSeek 互动的过程中，提示词就像是一把神奇的钥匙，能够开启我们与这一强大 AI 系统有效沟通的大门。简单来说，提示词就是输入给 DeepSeek 的文本信息，它承载着人们的需求、指令与期望，引导 DeepSeek 生成相应的内容。

当希望 DeepSeek 帮助我们完成一项任务，比如撰写一篇文章、解答一个复杂的问题或者进行创意创作时，提示词便是我们向它传达意图的关键媒介。它决定了 DeepSeek 理解问题的方向，以及最终输出内容的质量与相关性。可以说，精准、有效的提示词是发挥 DeepSeek 强大功能的核心要素。

从本质上讲，提示词是我们与 DeepSeek 之间的"语言桥梁"。DeepSeek 基于大规模的数据训练，具备了强大的语言理解与生成能力，但它需要明确的引导才能准确地回应我们的需求。例如，当输入"给我讲个故事"这样简单的提示词时，DeepSeek 虽然能够生成一个故事，但这个故事在主题、风格、情节等方面存在很大的不确定性，因为该指令过于宽泛。然而，如果输入"以古代仙侠世界为背景，创作一个主角从平凡少年成长为一代剑仙的冒险故事，故事中要包含激烈的战斗场面、神秘的法宝以及感人的师徒情谊，字数在 2000 字左右"这样具体的提示词，DeepSeek 就能更精准地把握我们的期望，生成一篇更符合要求的精彩故事。

在实际应用中，提示词的作用体现在多个方面。在内容创作领域，无论是撰写商业文案、学术论文还是文学作品，合适的提示词能够为 DeepSeek 提供清晰的创作框架与方向，使其生成的内容更具逻辑性、连贯性和针对性。在问题解答方面，准确的提示词能够帮助 DeepSeek 快速定位到问题的核心，提供准确、全面的答案，避免答非所问的情况。在创意启发上，独特的提示词还能激发 DeepSeek 的"创造力"，为用户带来新颖的思路和创意，帮助用户突破思维局限。因此，掌握编写有效提示词的方法与技巧，对于充分发挥 DeepSeek

的价值至关重要。

4.1 基础技巧：搭建有效沟通的基石

4.1.1 明确目标，有的放矢

在编写提示词之前，明确自己的目标至关重要。不同的任务需要不同类型的提示词来引导 DeepSeek。例如，如果希望它帮助你写一篇关于人工智能发展趋势的文章，那么简单地输入"写一篇文章"显然是不够的。这样模糊的提示词会让 DeepSeek 难以确定文章的主题、重点和方向，最终生成的内容可能无法满足需求。

若输入"撰写一篇 3000 字左右，关于人工智能在未来五年内的发展趋势分析文章，需涵盖技术突破、应用场景拓展以及对社会经济的影响等方面，并引用至少三个权威研究报告的数据作为支撑"，这样明确的提示词能让 DeepSeek 清楚地了解的需求，从而生成一篇更具针对性和深度的文章。

同样，在解答问题时，明确问题的核心和期望的答案类型也很关键。比如，对于"如何提高学习效率"这个问题，由于缺乏具体的背景和限制，DeepSeek 给出的回答可能比较宽泛。但如果改为"我是一名高中生，每天晚上学习时间有限，如何在有限时间内提高数学和英语这两门学科的学习效率，给出具体的学习方法和时间分配建议"，就能引导 DeepSeek 提供更贴合你实际情况的解决方案。

> ❓ 撰写一篇 1000 字左右，关于人工智能在未来五年内的发展趋势分析文章，需涵盖技术突破、应用场景拓展以及对社会经济的影响等方面，并引用至少三个权威研究报告的数据作为支撑。关于人工智能在未来五年内的发展趋势分析文章，需涵盖技术突破、应用场景拓展以及对社会经济的影响等方面，并引用至少三个权威研究报告的数据作为支撑[1]。

> ✦ 已深度思考（用时 33 秒）
>
> 嗯，用户让我写一篇关于人工智能在未来五年发展趋势的分析文章，需要涵盖技术突破、应用场景拓展和社会经济影响，还要引用至少三个权威报告的数据。首先，我得仔细看看提供的搜索结果，看看有哪些可用的信息。
>
> 网页 1 提到全球科技发展，尤其是第六次技术革命，涉及人工智能、量子科技、人形机器人等。这里有几个关键点：信息技术和生物技术的融合，北美—欧洲—亚太的创新三极，还有未来五年的重点技术，比如自动驾驶和 3D 打印。这些都可以作为技术突破和应用场景的部分内容。

---

[1] AI 生成内容仅供参考，用户须进行信息甄别，调整提示词得到符合需求的答案。DeepSeek 知识库更新截止时间为 2024 年 7 月，若需获取 2024 年 7 月以后的信息请打开联网搜索功能。后文不再一一注出。

网页 2 是 WEF 的报告，强调 AI 带来的效率提升和收入增长，预测到 2026 年采用 AI 的公司收入高出 15%。还有构建可持续 AI 基础设施和区域合作的重要性。这可以用在经济效益部分，引用他们的数据。

网页 3 和网页 4 都讨论了 AI 的技术进展和应用领域，比如深度学习、自然语言处理，还有医疗、金融、制造等行业的案例。网页 4 提到的十大趋势，如合成数据、多模态学习，这些可以作为技术突破的例子。另外，伦理和安全问题也是需要提到的挑战。

网页 5 和网页 6 是搜狐的文章，预测 AI 市场规模到 2030 年增长到 8270 亿美元，年均 24% 的增速。生成式 AI 和多模态 AI 的重要性，以及电商、金融、广告的应用。这些数据可以引用，支持社会经济影响部分。

网页 7 和网页 8 提到垂类 AI 应用的市场增长，到 2030 年可能达到 471 亿美元，还有投资重心转向应用层。

网页 9 也提到 AI 智能体的市场规模增长，可以作为应用场景拓展的例子，比如金融、医疗、教育中的具体应用。

网页 10 讨论了 AI 对生活的影响，包括隐私、伦理、就业等问题，这部分可以用在社会经济影响的挑战部分。

需要整合这些信息，确保覆盖技术、应用、经济影响，并引用至少三个报告的数据。比如 WEF 的报告（网页 2）、MarketsandMarkets 的垂类应用预测（网页 8）、Research and Market 的智能体市场规模（网页 9）等。要注意每个部分引用不同的来源，避免重复。

结构方面，可能需要分成技术突破、应用场景、社会经济影响、挑战与应对几个部分。每个部分下再分点，比如技术突破包括多模态模型、边缘计算、合成数据等。应用场景包括垂类应用、智能体普及、人机协作。经济影响有 GDP 增长、就业结构变化、教育医疗提升。挑战则涉及伦理、隐私、监管。

确保每个数据点都有对应的引用，比如市场规模数据来自网页 5 和网页 6，垂类应用增长来自网页 8，智能体数据来自网页 9。同时，技术突破中的合成数据、多模态学习来自网页 4 和网页 7。

可能还需要注意时间范围是未来五年，即到 2030 年左右，所以引用的预测数据要符合这个时间段。比如网页 5 提到到 2030 年生成式 AI 达到 3560 亿美元，这属于五年内的预测。网页 9 的智能体市场到 2030 年 471 亿美元，同样适用。

最后，总结时要强调合作与监管的重要性，引用网页 1 和 2 提到的区域合作和伦理框架。确保文章结构清晰，数据准确，引用正确。

人工智能未来五年发展趋势分析：技术突破、场景革新与社会经济重塑

引言

人工智能（AI）作为新一轮科技革命的核心驱动力，正在以前所未有的速度重塑全球技术、经济与社会格局。未来五年（2025—2030 年），AI 将进入技术突破与应用落地的关键阶段，其发展趋势可从技术演进、场景扩展及社会经济影响三个维度展开分析。本文结合世界经济论坛（WEF）、中信建投、MarketsandMarkets 等权威研究报告，系统探讨 AI 的未来发展路径。

一、技术突破：从通用模型到多模态智能

未来五年，AI 技术将从单一任务处理向多模态、自主化方向跃迁，推动底层技术的深度革新。

1. 多模态大模型的普及

当前 AI 模型已从文本处理扩展到图像、视频、语音等多元信息融合。例如，GPT-5 等新一代模型通过强化学习实现更复杂的推理能力，显著提升了在医疗诊断、工业设计等领域的适用性。WEF 报告指出，到 2028 年，多模态 AI 将推动生成式内容市场规模达 3560 亿美元，成为技术创新的核心引擎。

2. 边缘计算与端侧智能的崛起

随着物联网设备激增，AI 算力正从云端向边缘端迁移。端侧创新通过降低延迟、增强隐私保护，赋能智能家居、自动驾驶等实时场景。例如，边缘 AI 设备可在本地完成数据处理，减少对云端的依赖，预计到 2027 年，中国边缘 AI 市场规模将突破 1.3 万亿元。

3. 合成数据与模型效率优化

数据质量与隐私矛盾催生了合成数据的广泛应用。中信建投研报显示，合成数据可突破真实样本限制，加速模型训练效率，未来五年将在医疗影像模拟、自动驾驶测试等领域发挥关键作用。此外，通过模型压缩与能耗优化（如

DeepSeek R1 低成本模型），AI 应用场景将进一步下沉至中小企业和新兴市场。

二、应用场景拓展：从行业渗透到垂类深耕

AI 的应用边界持续扩展，从通用领域向垂直行业深度渗透，形成"技术—产业—消费"的闭环生态。

1. 垂类 AI 应用的爆发

据 MarketsandMarkets 预测，垂类 AI 市场规模将从 2024 年的 51 亿美元激增至 2030 年的 471 亿美元，年均增速达 44.8%。例如，金融领域通过生成式 AI 优化风险管理，医疗行业借助 IBM Watson 等系统提升诊断效率，教育场景中松鼠 AI 等工具实现个性化教学。

2. 人机协作与智能体革命

AI 智能体（Agent）将成为各行业的"数字员工"。深圳市福田区政务大模型 2.0 已部署 70 名 AI 数智员工，处理行政审批等任务。安恒信息的安全智能体体系则通过实时监控网络威胁，提升网络安全防御效率。到 2030 年，AI 智能体将覆盖 80% 的重复性工作，释放人类创造力。

3. 低空经济与自动驾驶商业化

低空飞行器、自动驾驶汽车等技术逐步成熟。特斯拉人形机器人、波士顿动力机器人的工厂应用标志着 2025 年或成"人形机器人元年"。自动驾驶方面，Robotaxi 将在 2028 年实现大规模商业化，推动交通管理智能化。

三、社会经济影响：效率革命与结构性挑战

AI 的普及将重塑全球经济格局，同时带来就业、伦理与治理层面的深刻变革。

1. 经济增长与生产力跃升

WEF 报告显示，率先采用 AI 的企业收入增速比同行高 15%，到 2026 年这一差距可能翻倍。生成式 AI 预计推动全球 GDP 增长 1.5 万亿美元，尤其在电商、制造业等领域提升供应链效率。

2. 就业结构调整与技能转型

自动化将替代 30% 的传统岗位，但亦催生新职业需求。麦肯锡研究指出，AI 采用进程仅完成 25%~30%，未来需通过技能培训实现劳动力转型。例如，AI 运维师、数据伦理师等新兴职业需求激增。

3. 社会治理与伦理挑战

数据隐私、算法偏见等问题亟待解决。《人工智能法案》通过风险分级管理，为全球监管提供范本。此外，AI 在公共安全、教育公平等领域的应用需平衡效率与公平，例如通过 AI 缩小城乡教育资源差距。

四、未来展望：合作与治理并重

面对技术红利与风险并存的双刃剑，全球需构建"技术—伦理—政策"协同框架：

- **技术层面**：加大多模态模型、绿色 AI（如微软无碳数据中心）的研发投入。
- **合作层面**：跨区域共建可持续 AI 基础设施，缩小数字鸿沟。
- **治理层面**：完善数据隐私保护与算法透明度法规，如《生成式 AI 服务管理办法》。

结语

未来五年，人工智能将从技术突破迈向产业融合与社会重构的新阶段。技术革新将释放万亿级市场潜力，而伦理治理与人才培养则是可持续发展的关键。唯有通过全球协作与理性监管，才能确保 AI 真正成为推动人类文明进步的普惠力量。

4.1.2 简洁清晰，细化问题

简洁明了的指令是让 DeepSeek 准确理解用户需求的关键。避免使用复杂、模糊或容易产生歧义的语言，尽量用简洁的短句来表达意图。例如，"帮我写一篇怎么提升生活品质，包含日常小技巧和心态调整，最好还能有点实际案例的那种文章，字数在 1500 字上下"这

样的表述就较为啰嗦，且部分用词口语化，可能会影响 DeepSeek 对需求的理解。

可以将其优化为"撰写一篇 1500 字左右的文章，阐述提升生活品质的方法，包括日常实用小技巧、心态调整策略，并提供具体案例"，这样的提示词简洁清晰，DeepSeek 能够快速抓取关键信息，生成符合要求的内容。

此外，在描述任务时，要确保每个指令都具有明确的指向性。比如，"分析这个产品的优缺点，并给出改进建议，还要和市场上其他同类产品进行对比，突出我们产品的独特之处，最后写个总结"，这样的表述虽然包含了多个任务，但各个任务之间的逻辑关系和先后顺序不够明确。可以改为"首先，分析该产品的优点和缺点；其次，将其与市场上其他同类产品进行对比，突出本产品的独特之处；然后，针对产品的缺点给出改进建议；最后，对以上内容进行总结"，通过明确的步骤和逻辑引导，让 DeepSeek 能够有条不紊地完成任务。

> **分析华为问界 M9 汽车。首先，分析该产品的优点和缺点；其次，将其与市场上其他同类产品进行对比，突出本产品的独特之处；然后，针对产品的缺点给出改进建议；最后，对以上内容进行总结。**

⊗ 已深度思考（用时 67 秒）

好的，我现在需要帮用户分析华为问界 M9 汽车，按照用户的要求分四个部分：优点和缺点、与同类产品对比、改进建议、总结。首先，我得仔细看看用户提供的搜索结果，找出相关的信息点，并正确引用来源编号。

首先分析优点。根据搜索结果，问界 M9 有几个明显的优势。搜索结果显示，问界 M9 在性价比方面表现突出，相比传统豪华品牌价格更有优势，但配置和品质不逊色，这应该是一个主要优点，来自来源[1]。另外，技术配置方面，搭载了华为的 ADS 智驾系统和鸿蒙座舱，这在来源[2]和[6]都有提到，特别是智驾系统虽然部分车主未使用，但技术本身是亮点。销量方面，来源[5]和[9]提到 M9 交付量很高，连续霸榜 50 万以上市场第一，说明市场认可度高。空间方面，来源[3]提到后排空间宽敞，腿部头部空间充足，这也是优点。品牌合作方面，赛力斯和华为的合作成果显著，来源[5]和[7]都有提及，春晚亮相也提升了品牌影响力。

接下来是缺点。根据来源[2]，部分车主从未使用过智驾功能，可能因为操作复杂或信任度不足，这说明人机交互设计有问题。来源[6]提到深蓝 S09 与 M9 相比，缺少华为底盘，可能暗示 M9 的底盘技术虽然先进，但维护成本高。增程式续航方面，来源[3]提到纯电续航最高 240km，这在同类中不算突出，可能影响长途出行。另外，来源[8]指出 M9 价格超过 50 万，进入奢侈品范畴，可能限制部分消费者。

对比同类产品，需要突出独特之处。来源[6]提到深蓝 S09 使用华为智驾但价格更低，但 M9 有途灵底盘，说明底盘技术是优势。来源[8]对比 8，M9 定位更高端，价格差异明显，品牌溢价更强。来源[4]提到小米 SU7 设计惊艳，但 M9 的尾灯设计独特，可能在外观上有竞争力。鸿蒙座舱和智驾系统是核心差异点，来源[3]和[6]都有提到。

改进建议方面，针对智驾使用率低，可以优化交互设计，来源[2]。增程式续航可以提升电池容量，来源[3]。价格分层策略，来源[8]提到 50 万以上的定位，推出低配版可能扩大市场。维护成本方面，来源[6]提到深蓝缺少华为底盘，可能 M9 的底盘维护成本高，需要优化售后服务。

总结部分需要综合以上分析，强调 M9 的优势和市场地位，同时指出改进空间，保持竞争力。

需要确保每个部分都正确引用来源编号，并且逻辑连贯。可能还需要注意时间，因为现在是 2025 年 2 月，部分数据是最新的，比如 1 月销量来自来源[9]。另外，要注意用户提到的当前时间，确保信息时效性。

华为问界 M9 汽车深度分析

一、产品优点与缺点

优点：

1. 高性价比与豪华配置结合

问界 M9 在 50 万元以上豪华车市场中，凭借华为技术加持，以低于传统豪华品牌的价格提供同等甚至更高水平的配置，包括华为 ADS 智驾系统、鸿蒙座舱等核心科技，成功吸引中高端消费者[1][5]。

2. 智能化技术领先

搭载华为 ADS 3.0 智驾系统和 Harmony OS 4.0 鸿蒙智舱，支持高阶自动驾驶功能（如高速领航、自动泊车）和沉浸式交互体验，技术成熟度处于行业第一梯队[2][6]。

3. 市场表现强劲

2025 年 1 月单月交付量达 12,483 辆，连续霸榜中国 50 万元以上汽车销量第一，12 个月内累计订单突破 20 万辆，验证了市场认可度[5][9]。

4. 空间与舒适性优势

作为大型 SUV，后排腿部空间达 2 拳以上，头部空间充裕，配合高保真音响、双无线快充等配置，兼顾家庭出行与商务需求[3]。

缺点：

1. 智驾功能使用率偏低

部分车主反映未使用过华为 ADS 智驾系统，可能与操作复杂性或用户信任度不足有关，导致技术优势未完全转化为用户体验[2]。

2. 增程式续航能力待提升

纯电续航最高 240km（来源[3]），在同类增程式车型中竞争力较弱，长途出行仍需依赖燃油补能。

3. 高端定位限制受众群体

起售价超 50 万元，进入"奢侈品"范畴，与方程豹豹 8（40 万元级）等竞品相比，价格敏感型消费者可能转向替代产品[8]。

二、与同类产品对比

1. 技术差异化：华为生态赋能

与深蓝 S09（搭载同款鸿蒙座舱但无华为底盘）相比，问界 M9 的途灵底盘技术显著提升了操控稳定性；与小米 SU7 等跨界车型相比，其华为全栈技术整合能力（智驾+座舱+三电）更具系统性优势[6][4]。

2. 品牌溢价与市场定位

在 50 万元以上市场，问界 M9 凭借华为品牌背书和赛力斯制造能力，填补了传统豪华品牌与造车新势力之间的空白，而方程豹豹 8 等车型则主打性价比，用户群体存在明显区隔[8]。

3. 设计语言独特性

问界 M9 的贯穿式尾灯、三联屏内饰等设计在社交媒体引发热议，与小米 SU7 的"惊艳设计"形成差异化竞争，强化了科技豪华标签[4][7]。

三、改进建议

1. 优化智驾系统用户体验

简化操作界面，增加新手引导和场景化教学（如自动泊车演示），同时通过 OTA 升级增强用户对智驾功能的信任感[2]。

2. 提升增程式续航能力

升级电池容量或优化增程器效率，将纯电续航提升至 300km 以上，减少燃油依赖，增强环保属性[3]。

3. 推出差异化配置版本

针对价格敏感用户推出精简版（如减少座椅调节功能、降低屏幕规格），将入门价格下探至 45 万元区间，扩大市场份额[8]。

  4. 强化售后服务网络

  针对高端用户需求，提供专属保养套餐和底盘维护服务，降低长期使用成本[6]。

四、总结

  问界 M9 凭借华为技术赋能、精准市场定位和豪华配置，成功在 50 万元以上高端市场占据领先地位，其智能化体验与空间表现尤为突出。然而，智驾功能使用率低、续航能力不足及高端定价限制了部分潜在用户。未来需通过技术迭代、用户体验优化和产品线扩展巩固优势，同时应对小米、方程豹等品牌的竞争压力。作为华为跨界造车的标杆之作，问界 M9 不仅展现了国产智能汽车的突破，也为行业提供了"技术+生态"融合的创新范本[1][5][9]。

  （注：文中数据与观点引用自搜索结果编号[1][2][3][4][5][6][8][9]）

参考来源：
[1] 华为技术领航，问界 M9 豪华市场破局新篇章汽车豪华性价比
[2] 问界 M9 车主的另类操作，这些行为透露出怎样的"狠"劲？
[3] 内部：最快下月发布！华为问界 M8 定妆照曝光，卖 35 万你买吗
[4] 小米华为跨界造车，中国车圈迎来全新变革时代！
[5] 问界 M9 领跑高端智能电车市场，赛力斯华为合作成果斐然
[6] 智驾和问界 M9 打平手？没华为底盘，深蓝 S09 会便宜 10 万？
[7] 问界 M9 春晚再登场：赛力斯如何以创新驱动新能源汽车技术变革
[8] 方程豹豹 8/问界 M9：40 万 vs50 万，两大品牌旗舰差异居然有这么大？
[9] 1 月汽车销量榜发布!问界 M9 连续霸榜中国 50 万以上汽车销量第一！

4.1.3　提供上下文，完善背景信息

  在很多情况下，为 DeepSeek 提供特定的背景信息能够帮助它更好地理解任务，从而生成更准确、更有价值的回答。比如，当要求它写一篇关于环保的文章时，如果加上"在全球气候变化日益严峻的背景下，各国都在积极推进可持续发展战略"这样的背景信息，DeepSeek 就能在文章中更好地结合现实情况，阐述环保的重要性和紧迫性，以及相关的政策措施和实际行动。

  再比如，在询问关于某个历史事件的问题时，提供事件发生的时间、地点、相关人物等背景信息，能让 DeepSeek 给出更全面、更深入的解答。例如，"请介绍一下工业革命，对它的起源、主要发明、对社会经济的影响等方面进行阐述"，这样的问题比较宽泛。若改为"18 世纪 60 年代，工业革命首先在英国爆发，它对人类社会产生了深远影响。请详细介绍英国工业革命的起源、主要发明创造，以及这些发明如何推动了英国社会经济的变革，对世界其他国家又产生了哪些影响"，通过提供具体的时间、地点和更明确的问题方向，DeepSeek 就能围绕这些背景信息，给出更具针对性和专业性的回答。

  在实际应用中，还可以根据具体任务提供更多相关的细节信息。比如，在要求 DeepSeek 创作一个故事时，可以提供故事发生的时代背景、主要人物的性格特点和身份设定等，让

它能够在这些背景框架下，创作出更符合你想象的故事。

> 18 世纪 60 年代，工业革命首先在英国爆发，它对人类社会产生了深远影响。请详细介绍英国工业革命的起源、主要发明创造，以及这些发明如何推动了英国社会经济的变革，对世界其他国家又产生了哪些影响。

已深度思考（用时 62 秒）

嗯，用户让我详细介绍一下英国工业革命的起源、主要发明创造，以及这些发明如何推动社会经济变革，还有对世界其他国家的影响。首先，我得确定用户的需求是什么。可能是一个学生需要写论文，或者是对历史感兴趣的人想深入了解。用户提到 18 世纪 60 年代，所以时间范围要明确，但可能也需要稍微扩展到更早的背景，比如工业革命的前提条件。

首先，关于起源部分。英国为什么率先爆发工业革命？通常提到的因素包括农业革命、殖民扩张带来的资本积累、丰富的煤炭资源、政治稳定、科学革命的影响等。需要具体说明这些因素如何相互作用。例如，圈地运动如何促进农业生产力提高，释放劳动力到工业领域。

然后是主要发明创造。蒸汽机、纺织机械如珍妮纺纱机、水力织布机、骡机，还有铁路、炼铁技术的改进比如焦炭炼铁。可能还需要提到工厂制度的出现，这些发明如何从纺织业扩展到其他行业。

接下来是社会经济变革。工厂制度取代家庭作坊，城市化进程加速，工人阶级的形成，社会结构的变化，贫富差距扩大，环境污染问题初现。经济方面，生产力提升，国际贸易扩张，英国成为世界工厂。

对世界的影响部分，可能需要分点说明：推动其他国家工业化，如欧洲大陆、美国、日本；殖民扩张加剧，原材料掠夺和商品倾销；全球经济体系形成，国际分工出现；社会思潮如社会主义的兴起；科技文化交流加速。

用户可能希望得到结构清晰、有因果关系的回答，同时需要具体例子，比如具体发明家的名字和时间。另外，可能需要避免过于学术化的语言，保持易懂。还要注意时间的连贯性，从起源到发展到影响，逻辑顺畅。

需要检查是否有遗漏的重要点，比如人口增长、交通革命（运河、铁路）、金融体系的发展（如银行和信贷）。还有，工业革命带来的负面效应，比如童工问题、工人生活条件恶化，可能也是用户想了解的。

还要考虑用户的深层需求，是否希望对比其他国家的工业革命，或者理解工业革命与现代世界的关系。但根据问题描述，重点还是在英国本身的影响和对其他国家的影响。

可能需要分段落，每个部分有小标题，但用户要求的是详细回答，而不是分点列表，所以要保持段落连贯。同时，确保每个发明如何推动变革，比如蒸汽机不仅改进矿业，还促进铁路发展，进而影响运输和市场经济。

最后，结论部分总结工业革命的历史地位，呼应开头，强调其作为人类文明转折点的重要性。要注意平衡正面和负面影响，展示全面的分析。

英国工业革命的起源、发明创造与社会经济变革

一、工业革命的起源背景
18 世纪英国工业革命的爆发并非偶然，而是多重历史条件共同作用的结果：
1. **农业革命铺垫**：圈地运动（16—18 世纪）推动土地集约化经营，农业生产力提升释放了大量农村劳动力，同时为城市提供粮食保障。
2. **资本原始积累**：殖民贸易与奴隶三角贸易积累巨额财富，东印度公司等垄断组织为工业化提供资金支持。
3. **自然资源禀赋**：英国丰富的煤炭储量和铁矿资源，为蒸汽机与炼铁技术发展奠定基础。
4. **政治制度优势**：光荣革命（1688 年）后君主立宪制确立，专利法保护创新，稳定的政局吸引资本投入生产。
5. **科学思想启蒙**：牛顿力学等科学进步与培根实验哲学的结合，推动技术实用化创新。

二、核心发明创造及其技术链
工业革命以纺织业机械化为起点，能源与动力革命为核心，形成连锁创新效应：
1. **纺织领域**（1760—1780 年）
   - 1733 年凯伊发明飞梭（提高织布效率）。

- 1764 年哈格里夫斯发明珍妮纺纱机（8 锭→80 锭）。
- 1769 年阿克莱特水力纺纱机（规模化生产）。
- 1779 年克朗普顿骡机（兼具水力纺纱机与珍妮机优点）。

2. 动力革命
- 1712 年纽科门蒸汽机（煤矿排水）。
- 1769 年瓦特改良分离冷凝器蒸汽机（热效率提升 4 倍）。
- 1804 年特里维西克高压蒸汽机（适应铁路机车）。

3. 冶金与交通
- 1709 年达比父子焦炭炼铁法（突破木炭限制）。
- 1784 年科特搅拌法（规模化生产熟铁）。
- 1814 年斯蒂芬森蒸汽机车。
- 1830 年利物浦-曼彻斯特铁路开通。

4. 生产组织革命

阿克莱特 1771 年建立克罗姆福德水力纺纱厂，开创工厂制度，标准化生产取代家庭作坊。

三、社会经济结构的颠覆性变革

1. 生产力跃升

1770—1830 年英国工业生产率增长 300%，棉纺织品出口占总出口值 50%（1800 年），生铁产量从 1740 年 2 万吨跃升至 1850 年 250 万吨。

2. 城市化与社会重构

曼彻斯特人口从 1770 年 2.5 万增至 1851 年 40 万，城市人口占比从 1750 年 25%升至 1850 年 50%。工人阶级（无产阶级）与工业资产阶级对立形成，1832 年议会改革标志政治权力再分配。

3. 全球贸易霸权确立

1815 年后英国成为"世界工厂"，通过《航海条例》控制海运，金本位制（1816 年）构建全球金融体系。1846 年废除《谷物法》推行自由贸易，武力打开中国市场（鸦片战争）。

4. 社会问题显现

工人日均工作 14 小时，童工占棉纺织业劳动力 50%（1833 年），曼彻斯特劳工预期寿命仅 17 岁（1842 年），恩格斯《英国工人阶级状况》揭露剥削现实。

四、对全球体系的冲击与重塑

1. 技术扩散与追赶竞赛
- 比利时 1834 年引进英国机械师科克里尔建立欧陆首个工业区；
- 美国通过斯莱特窃取纺织机技术（1790 年），惠特尼轧棉机（1793 年）助推南方种植园经济；
- 德国 1871 年统一后，依托鲁尔区煤炭实施"赶超战略"。

2. 殖民经济体系强化

印度手工纺织业被摧毁（1820—1840 年棉布进口逆差逆转），埃及被迫成为英国棉花原料供应地。

3. 世界分工体系形成

核心（英国）—半边缘（欧洲大陆）—边缘（亚洲、非洲和拉丁美洲）的三层结构确立，全球化 1.0 版本诞生。

4. 意识形态冲击波
- 自由主义经济学（亚当·斯密《国富论》1776 年）成为支配性理论；
- 马克思从机器大生产中提炼剩余价值理论（《资本论》1867 年）；
- 环境代价初显，伦敦 1873 年首次有记录的空气污染致 700 人死亡。

五、文明转型的历史坐标

工业革命使人类首次突破"马尔萨斯陷阱"，但这也开启了化石能源依赖、生态危机与全球失衡的现代性困境。这场革命在人类历史上首次实现了从有机经济向矿物经济的根本转变，其影响之深远，超过新石器时代的农业革命。英国的经验证明，技术进步必须与制度创新、社会公平相协同，才能实现可持续发展——这对当今世界的科技创新仍具镜鉴意义。

4.2 进阶技巧：提升交互效果的关键

4.2.1 结构化提示词，有序引导

当面对复杂任务时，将提示词结构化能让 DeepSeek 更清晰地理解用户的意图。结构化提示词就像是一份条理清晰的任务清单，将复杂的问题拆解成多个有序的部分，引导 DeepSeek 逐步完成任务。常见的结构可以是"任务描述+具体要求+输出格式"。

以策划一场线上营销活动为例，若只是简单地输入"帮我策划一个线上营销活动"，DeepSeek 可能会给出一个较为宽泛的框架，缺乏针对性和细节。但如果采用结构化提示词："任务：为一款新推出的智能手表策划线上营销活动；具体要求：活动时间设定在新品发布后的一个月内，目标受众为 18~35 岁的年轻消费者，需结合社交媒体平台进行推广，活动形式要包含互动环节以提高用户参与度，预算控制在 50 万元以内；输出格式：以表格形式呈现活动策划方案，包括活动时间、活动内容、推广渠道、预算分配等"。

通过这样结构化的提示词，DeepSeek 能够明确活动的各个关键要素，按照设定的结构和要求，生成一份详细且有条理的活动策划方案。在实际应用中，结构化提示词不仅适用于策划类任务，在数据分析、项目管理等领域也同样有效。它能帮助用户将复杂的思维过程转化为清晰的指令，让 DeepSeek 更好地协助工作，提高任务完成的效率和质量。

> ❓ 任务：为一款新推出的智能手表策划线上营销活动；具体要求：活动时间设定在新品发布后的一个月内，目标受众为 18~35 岁的年轻消费者，需结合社交媒体平台进行推广，活动形式要包含互动环节以提高用户参与度，预算控制在 50 万元以内；输出格式：以表格形式呈现活动策划方案，包括活动时间、活动内容、推广渠道、预算分配等。

🐋 ✅ 已深度思考（用时 42 秒）

嗯，用户让我策划一个智能手表的线上营销活动，时间在新品发布后的一个月内，目标受众是 18~35 岁的年轻人，需要用社交媒体推广，还要有互动环节，预算 50 万元以内。首先，我需要明确这个年龄段的人喜欢什么样的活动，他们常用的社交媒体平台有哪些。比如，抖音、微博、微信、小红书这些可能是主要渠道。

接下来，活动形式要有互动环节，可能包括抽奖、挑战赛、用户生成内容之类的。互动环节能提高参与度，比如打卡挑战或者拍照分享。然后预算分配要合理，可能需要分阶段安排，预热期、爆发期和持续期，每个阶段的内容和预算不同。

然后，推广渠道方面，抖音适合短视频和挑战赛，微博可以话题营销和 KOL 合作，微信适合 H5 互动和小程序抽奖，小红书则可以通过测评和种草来推广。预算方面，可能需要将大部分投入在 KOL 合作和广告投放上，因为这是触及目标用户的有效方式，但也要留一部分给用户奖励，比如抽奖的奖品，这样能激励参与。

时间安排上，新品发布后一个月内，可能需要分阶段。前两周预热，中间一周爆发，最后一周持续互动。每个阶段的活动内容要衔接好，比如预热期发布悬念，爆发期推出挑战赛，持续期进行测评和返场促销。

预算控制方面，50万元要合理分配。比如KOL合作可能需要15万元，广告投放10万元，抽奖奖品5万元，H5开发3万元，线下快闪店可能10万元，测评样品2万元，其他费用5万元。需要确保各项费用加起来不超过预算，同时留点余地应对突发情况。

还要考虑活动的互动性，比如用户打卡挑战，每天完成任务获得积分，积分兑换奖品，这样可以提高持续参与度。抽奖活动简单直接，用户分享就能参与，增加传播。H5小游戏测试手环匹配度，既有趣又能展示产品功能。

可能需要注意的地方是，各个平台的内容要适配，比如抖音的视频要短而有趣，微博的话题要容易传播，小红书的测评要真实可信。KOL的选择也很重要，要找符合目标受众调性的博主，比如科技、时尚或健身领域的达人。

另外，预算分配可能需要调整，如果某个平台效果特别好，可以适当增加投入，但要在总预算内。同时，监测活动数据，及时调整策略，比如哪个活动参与度低，可能需要加大推广或调整内容。

最后，确保所有活动环节符合平台规则，避免违规。比如抽奖活动要注明规则，避免法律问题。用户体验也很重要，活动流程要简单明了，参与门槛低，才能吸引更多人加入。

以下是为智能手表新品设计的线上营销活动策划方案，结合目标受众特征及预算要求，采用分阶段互动形式提升用户参与度：

活动阶段	活动时间	活动内容	推广渠道	预算分配	核心目标
预热期（发布后第1周）	第1~7天	1. 悬念海报+倒计时：发布"隐藏功能"系列悬念海报，结合倒计时引发好奇。 2. KOL盲测体验：邀请科技/时尚类博主发布"未曝光产品"开箱视频，重点猜测核心功能	微博、抖音、小红书	8万元（KOL合作5万元，素材制作3万元）	制造话题热度，积累种子用户
爆发期（发布后第2~3周）	第8~21天	1. 24小时智能生活挑战赛：用户佩戴手表记录24小时健康数据/运动轨迹，上传创意视频（如睡眠监测对比、运动路线绘画等），TOP10获年度免费换新权益。 2. AR滤镜互动：开发专属AR滤镜，用户可虚拟试戴手表并生成科技感海报，分享可参与抽奖。 3. 限时组合优惠：购买手表+指定表带享8折，强化社交属性（表带支持DIY定制）	抖音、微信、B站	25万元（挑战赛奖品5万元，AR开发8万元，广告投放10万元，其他2万元）	引爆社交传播，促进转化
持续期（发布后第4周）	第22~30天	1. UGC内容返场：精选用户挑战赛作品进行二次传播，发起"最意想不到的使用场景"投票活动。 2. 精准场景种草：针对细分人群推送内容：健身党（运动模式解析）、职场人（日程管理教程）、情侣（双设备互联玩法）	小红书、知乎、朋友圈广告	12万元（内容制作4万元，信息流广告8万元）	延长热度，深化场景认知
长尾运营	全周期	1. 私域社群运营：微信社群每日打卡送积分（积分兑换表带/周边）。 2. 口碑裂变：老用户邀请3人关注官号即赠延保服务	企业微信、小程序	5万元（社群运营2万元，裂变奖品3万元）	构建用户黏性

预算总计：50万元

效果保障措施：
1．设置实时数据看板，动态调整各渠道投放比例。
2．采用"阶梯式奖励"机制（如挑战赛参与人数每破1万元追加奖品）。
3．与外卖/打车平台跨界合作，赠送联名优惠券提升转化。

亮点设计：
1．通过"AR试戴+场景化挑战"降低决策门槛。
2．用"硬件+表带DIY"组合满足年轻群体个性化需求。
3．设置"社交货币型奖励"（如限量虚拟勋章）激发分享欲。

该方案可实现：曝光量预计500万+，互动率15%以上，ROI目标1:3，兼顾品牌曝光与销售转化。

4.2.2 巧用示例，规范输出风格

在许多情况下，希望DeepSeek生成的内容符合特定的风格或格式，这时提供示例是一种非常有效的方法。示例就像是一个模板，让DeepSeek能够直观地了解用户期望的输出样式，从而生成更贴合要求的内容。

比如，在撰写产品描述时，如果希望DeepSeek生成的描述具有简洁明了、突出产品特点的风格，可以先提供一个示例："[产品名称]，一款专为现代都市人设计的智能背包。它采用高品质防水面料，能有效抵御雨水侵袭，保护你的物品安全。内部设计合理，多个分区可轻松收纳各类物品，满足你的日常出行需求。独特的背负系统，减轻肩部压力，让你出行更轻松。"

然后输入提示词："请按照上述示例的风格，为一款新推出的无线降噪耳机撰写产品描述，需突出耳机的降噪功能、音质效果、续航能力以及佩戴舒适度等特点"。通过这样的方式，DeepSeek能够参考示例的风格和结构，生成一份风格统一、重点突出的产品描述。

在文案写作、创意设计等场景中，示例的作用更加显著。它可以帮助DeepSeek理解用户对语言风格、表达方式、创意方向等方面的要求，避免生成的内容与用户期望相差甚远。无论是幽默风趣的广告文案，还是严谨专业的学术论文摘要，都可以通过提供合适的示例，引导DeepSeek输出符合要求的内容。

> 用《红楼梦》的语言风格生成一篇文章，描述一场朋友聚会的场景。

✿ 已深度思考（用时23秒）

嗯，用户让我用《红楼梦》的语言风格生成一篇文章，描述朋友聚会的场景。首先，我需要明确《红楼梦》的语言特点。这部作品以细腻的描写、丰富的诗词和人物对话著称，语言典雅且富有古典韵味，常用比喻和象征手法。

接下来，用户的需求是朋友聚会。我需要考虑古文的用词和句式，比如使用"宴饮""雅集"等词汇，以及四字短

语和排比结构来增强文采。同时,要模仿《红楼梦》中的人物互动和场景描写,比如环境细节、人物动作和对话。

然后,我需要确定聚会的具体元素。比如季节、地点、人物身份、活动内容。红楼梦里常见的有赏花、饮酒、作诗等雅事,所以可以设定在春末夏初,花园中,朋友们吟诗作对,品茶饮酒,伴有琴声和笑语。

还要注意人物的命名和称呼,红楼梦里多用双字名字,如宝玉、黛玉等,所以朋友的名字也应符合这种风格,比如"云鹤""逸梅""青梧"等。同时,他们的互动要有礼貌和文雅。

可能还需要加入一些诗词或对联,这是《红楼梦》常见的元素。比如在聚会中有人提议联句,或者即兴作诗,这样能更贴近原著风格。同时,注意使用比喻,如将笑声比作碎玉,琴声如流水,增强画面感。

用户可能没有明确说明聚会的细节,但深层需求是希望场景真实且富有古典气息,所以需要详细描写环境、人物服饰、动作和情感交流。例如,描写夕阳、花影、竹帘、石案等元素,营造出雅致的氛围。

最后,要检查语言的流畅性和是否符合语法,避免现代用词,同时保持段落结构合理,有起承转合。可能需要分几段,先写环境,再写人物入场,接着描述活动,最后以余韵结束,留下回味,如同红楼梦的结局般略带感慨。

《秋夜宴集记》

余尝于重九后三日,邀三五知己于蘅芜榭小聚。晚霞染透碧纱窗,残荷犹带金桂香。但见:

湘帘半卷迎归燕,竹影斜移映石苔。

青瓷盏中浮雪沫,紫檀案上列珍馐。

先是云鹤携来新酿的菊花酒,那酒装在翡翠壶里,倒出来竟似琥珀凝光。青梧笑道:"这般好酒,倒要配些野趣才好。"遂命小厮折来数枝丹桂,斜插在青玉胆瓶里,满室顿时浮动着甜香。

忽闻环佩叮当,原是逸梅携琴而至。这女子身着月白绫袄,外罩藕荷色比甲,鬓边斜簪一朵秋海棠,行动处如弱柳扶风。她将焦尾琴横于膝上,指尖轻拨,便流出《平沙落雁》的调子来。众人正听得入神,逸梅却掀帘笑道:"这般雅集,怎少得诗书助兴?"

一语未了,早有侍儿捧来薛涛笺并犀管狼毫。青梧略一沉吟,挥笔写下"冷月葬花魂"五字,众人皆抚掌称妙。逸梅却嗔道:"好端端的秋夜,偏作此凄清语。"说着自取一笺,写下"金风荐爽玉露香"。此时窗外恰有雁阵掠空,王菡拍案道:"这'金风'二字,正合了天时!"

酒过三巡,但见:

烛影摇红人面醉,茶烟袅碧琴声幽。

残棋半局犹堪弈,锦瑟无端五十弦。

忽闻更漏三响,众人方惊夜色已深。青梧倚着攒金绣枕叹道:"这般良辰,真如白驹过隙。"云鹤却指着案上残菊笑道:"花开花落自有时,聚散离合皆自定。"语罢,众人皆默然。唯有王菡将残酒尽倾于池中,但见月影碎作千片银鳞,恍若大观园里那些未了的尘缘。

4.2.3 设置限制条件,精准把控输出

为了避免 DeepSeek 的输出过于宽泛或偏离用户的预期,设置限制条件是必不可少的技巧。限制条件可以从多个方面入手,如字数限制、内容范围限定、语言风格要求、目标受众等。

例如,当要求 DeepSeek 写一篇关于旅游的文章时,如果不加以限制,它可能会生成一篇篇幅很长、内容涵盖广泛的文章。但如果添加限制条件:"写一篇 800~1000 字的关于云南大理旅游的文章,重点介绍大理的自然风光和特色美食,语言风格轻松活泼,适合在旅游类社交媒体平台发布"。这样一来,DeepSeek 就会在规定的字数范围内,围绕大理的自

然风光和特色美食展开描述，并且采用轻松活泼的语言风格，使文章更符合发布在旅游类社交媒体平台的要求。

在一些专业领域的应用中，限制条件的设置更为关键。比如在法律文书写作中，可能需要限定内容必须符合特定的法律法规和行业规范；在技术文档撰写中，可能要求语言准确、严谨，避免使用模糊或夸张的表述。通过合理设置限制条件，能够更加精准地把控 DeepSeek 的输出，使其生成的内容完全符合我们的需求，提高工作效率和成果质量。

> 为在华外国人写一篇 200 词的关于云南大理旅游的文章，重点介绍大理的自然风光和特色美食，语言风格轻松活泼，适合在旅游类社交媒体平台发布，要求输出为英文。

已深度思考（用时 67 秒）

好的，用户让我为在华外国人写一篇 200 词的云南大理旅游文章，重点介绍自然风光和特色美食，语言风格轻松活泼，适合旅游类社交媒体平台发布，要求输出英文。首先，我需要确定用户的需求。他们可能是在运营一个旅游类的社交媒体账号，目标读者是居住在中国的外国人，所以内容需要符合他们的兴趣点，同时语言要吸引人，容易引发互动。

接下来，我得考虑大理的主要卖点。自然风光方面，洱海、苍山、三塔这些是必提的。特色美食的话，乳扇、大理砂锅鱼、喜洲粑粑这些比较有代表性。需要将这些信息用轻松活泼的语言呈现，可能加入一些 emoji 表情和口语化的表达，比如 "hidden gem" 或者 "foodie heaven" 之类的词汇。

然后，结构方面，可能需要一个吸引眼球的标题，开头用感叹句引起兴趣，中间分自然景观和美食两部分，每部分用简短的段落描述，最后加上交通提示和鼓励行动的句子，比如 "Pack your bags" 之类的。要注意字数控制在 200 词左右，所以每个部分不能展开太多，要简洁有力。

还要考虑英文的表达是否地道，可能需要使用一些旅游常用的词汇，比如 "jaw-dropping views" "stroll through" "must-try" 等。同时，避免使用过于复杂的句子结构，保持句子简短，有节奏感。比如使用短句和感叹号来增强活力。

另外，用户可能希望文章能够激发读者的旅行欲望，所以需要加入一些感性的描述，比如 "azure waters" "snow-capped peaks" "golden sunset" 等，让读者有画面感。同时，提到交通便利，比如高铁连接，让读者觉得容易到达。

最后检查是否符合所有要求：200 词左右，英文，轻松活泼，适合社交媒体，涵盖自然风光和美食。可能需要调整用词，确保流畅自然，没有语法错误，并且充满热情，让读者觉得大理是一个不容错过的旅游目的地。

Dali: Where Nature Whispers & Flavors Dance! 🏔️🌸

Hey wanderlusters! Ready to unlock a slice of paradise? Dali, nestled between jaw-dropping Erhai Lake and the majestic Cangshan Mountains, is *the* spot for soul-soothing views and tastebud adventures!

Picture this: Cycling along Erhai's azure waters, wind kissing your face as snow-capped peaks wink at you from afar. Hike Cangshan's misty trails, then sip local tea in a Bai ethnic village—their iconic three-pagoda silhouette glows golden at sunset. Pure magic! 🚴‍♀️🍵

Now, let's talk food! Dali's a foodie heaven. Bite into *rushan* (cheese rolls drizzled with rose jam)—crunchy, sweet, and oh-so-instagrammable. Craving warmth? Dive into a steaming *xiaguoyu* hotpot, packed with fresh lake fish and wild mushrooms. Don't miss *Xizhou baba*, a flaky sesame bread that'll make you hug the vendor! 🥘

Pro tip: Chat with locals at the weekend market—their smiles are as bright as tie-dyed fabrics hanging everywhere.

Pack your bags—Dali's calling! (P.S. The high-speed train from Kunming makes it a breeze!) 🚄✈️

\#DaliDiaries \#EatPlayLoveYunnan \#HiddenGemChina
（Word count: 198）

4.3 高级技巧：挖掘 DeepSeek 潜力的秘诀

4.3.1 分步引导，攻克复杂任务

当面对复杂任务时，将提示词拆分为多个步骤是一种非常有效的策略。例如，在制定一个大型项目的策划方案时，若一次性要求 DeepSeek 生成完整的方案，它可能会因为任务过于复杂而无法给出全面且深入的内容。这时，可以将任务分解为多个小步骤，逐步引导 DeepSeek 完成。

首先，输入"分析项目的目标和受众群体，列出主要的目标和受众特征"，让 DeepSeek 对项目的基本方向有清晰的认识。接着，输入"根据目标和受众，提出 3～5 个可行的项目主题和初步的活动形式"，这一步引导它进行创意构思。然后，输入"针对每个项目主题和活动形式，详细规划具体的执行步骤，包括时间安排、人员分工等"，逐步细化方案内容。最后，输入"整合前面的内容，生成一份完整的项目策划方案，格式要求为 Word 文档大纲形式，包含项目概述、目标、主题、执行步骤、预算等板块"。

通过这样分步引导的方式，DeepSeek 能够在每一步集中精力完成一个小任务，最终整合出一个完整且高质量的项目策划方案。这种方法不仅适用于项目策划，在撰写学术论文、进行复杂的数据分析等任务中也同样有效，能够帮助用户更有条理地完成复杂工作。

> ❓ 我是一名学生，在社团活动上，想做一个关于大语言模型的演讲，为大学生做课外知识扩展，请帮我生成一个 PPT 大纲。

> 🐋 已深度思考（用时 218 秒）
>
> 好的，用户是一名学生，需要在社团活动上做一个关于大语言模型的演讲，目的是为大学生扩展课外知识。首先，我需要明确用户的需求。用户可能希望演讲内容既要有足够的深度，又要易于理解，适合没有技术背景的同学。同时，PPT 大纲需要结构清晰，逻辑连贯，能够引导听众从基础概念到应用场景，再到未来展望。
>
> 接下来，考虑用户可能的隐藏需求。作为学生，用户可能希望演讲内容能够吸引听众的兴趣，避免过于枯燥的技术细节。可能需要加入一些互动环节或生动的例子，让内容更生动有趣。此外，用户可能希望演讲中能涉及伦理和社会影响，这部分内容能引发思考，适合大学生群体的讨论。
>
> 然后，分析现有的知识库和之前的对话历史。用户之前请求过生成旅游文章，现在转向学术演讲的大纲，说明用户在不同场景下需要多样化的帮助。需要确保这次的大纲结构合理，涵盖必要的内容点，同时保持简洁。

接下来，确定大纲的结构。通常，一个演讲可以分为引言、主体和结论。主体部分需要分章节，逐步深入。考虑到听众可能对大语言模型了解有限，应从基础开始，逐步介绍技术原理、应用、挑战和未来。

需要涵盖的内容点包括：定义与基本概念、发展历程、技术原理（如 Transformer 架构、训练方法）、应用场景、伦理问题、未来趋势。此外，互动环节可以增加参与感，比如小测验或讨论问题。

还要注意语言风格，因为是课外知识扩展，应避免过于学术化的术语，用通俗易懂的语言解释复杂概念。使用案例和实例帮助理解，比如提到 ChatGPT 或文心一言等大家可能听说过的应用。

最后，检查大纲的逻辑流是否顺畅，是否覆盖了所有重要方面，并确保各部分之间有良好的过渡。可能需要建议用户如何准备演讲，比如使用视觉辅助工具、准备问答环节等，但这些可能超出当前生成大纲的范围，但可以在备注中简要提及。

标题页
主题：大语言模型：AI 如何学会"说话"？
副标题：从 ChatGPT 到未来世界的对话革命
视觉元素：AI 对话气泡 + 代码与书本交织的抽象背景

Part 1：引言：AI 的"语言觉醒"
1.1 互动提问
- "你用过 AI 写论文/改简历吗？"（现场举手统计）
- "猜猜 AI 写这段话需要多少秒？"（展示一段 ChatGPT 生成的诗）

1.2 现象级案例
- 用《西游记》版"星巴克点单对话"搞笑示例切入
- 对比：2010 年 Siri vs 2024 年 GPT-4 对话流畅度

Part 2：核心知识拆解
2.1 什么是大语言模型？
- 类比解释："超级文字版乐高——拆解 30 亿块语料积木，重组人类知识"
- 关键三要素图示：海量数据 + Transformer 架构 + 算力引擎

2.2 技术原理极简版
- 猜词游戏："___是中国首都"（让观众填空 → 引出"概率预测"概念）
- Transformer 核心：用"注意力机制"漫画比喻（如：读句子时大脑高亮关键词）

2.3 训练过程揭秘
- 三步进阶：①填字游戏（预训练）→ ②模拟考试（微调）→ ③人类老师打分（RLHF）
- 能耗对比："训练一次 GPT-3 ≈ 3000 辆汽车绕地球一圈的碳排放"

Part 3：现实与未来
3.1 应用场景
- 学术助手：文献速读工具演示动图
- 创意伙伴：AI 生成"赛博朋克版李清照"诗词案例
- 争议边界：Deepfake 语音诈骗新闻事件

3.2 挑战与思考
- 伦理辩论："如果 AI 能通过图灵测试，该给它'人权'吗？"（分组讨论 1 分钟）
- 就业冲击：麦肯锡数据——2030—2060 年全球 50%岗位或被 AI 影响

Part 4：大学生如何应对？
- 技能升级：从重复性写作 → 批判性提问者（对比两种 prompt 写法示例）
- 工具推荐：学术研究/语言学习/创意脑暴的免费 AI 工具清单（附二维码）

- 跨学科机会："AI+人文"新兴领域案例——古籍数字化、戏剧剧本生成

结尾页
- 金句：AI 不是替代人类的工具，而是放大镜——照见我们的想象力边界
- 互动彩蛋：扫码体验"1 分钟生成你的专属 AI 口头禅"（预设趣味 prompt 模板）
- Q&A：预留"辛辣问题"彩蛋（如：AI 会导致文科消亡吗？）

设计建议
1. 视觉化：每页用梗图/动态数据图表替代文字堆砌
2. 节奏感：每 15 页插入一个互动环节（投票/快问快答）
3. 延伸阅读：结尾推荐 3 部大学生友好的纪录片/播客

此大纲注重"认知冲突"设计（打破对 AI 的刻板印象），适合激发非技术背景学生的兴趣。可根据演讲时长（建议 45 分钟）灵活删减部分章节。

4.3.2 角色扮演，定制专业输出

让 DeepSeek 扮演特定角色是获取更具专业性和针对性输出的巧妙技巧。在不同的场景下，可以根据需求为 DeepSeek 设定不同的角色。比如，当需要撰写一份专业的法律分析报告时，可以让它扮演资深律师，输入"你是一位从业 20 年，擅长商业法律领域的资深律师，现在需要你对[具体商业法律案例]进行深入分析，包括案件的核心法律问题、相关法律条文的应用、可能的判决结果以及对企业的法律风险提示等方面，输出内容要符合法律专业报告的格式和规范要求"。这样一来，DeepSeek 会从资深律师的专业角度出发，运用专业的法律知识和语言风格进行分析和解答，生成的报告更具专业性和权威性。同样，在市场营销领域，可以让它扮演资深市场营销专家，为新产品的推广制定策略；在教育领域，让它扮演优秀教师，设计教学方案或解答学生的学习问题。通过角色扮演，DeepSeek 能够更好地模拟特定领域的专业思维和行为方式，为用户提供更贴合实际需求的专业内容。

> 你是一个设计师，如果让你设计一款降噪耳机，你会考虑哪些要素？

已深度思考（用时 12 秒）

好的，我现在需要帮用户设计一款降噪耳机，作为设计师，我得仔细思考需要考虑哪些要素。首先，用户可能希望耳机具备有效的降噪功能，这是基本需求。然后，佩戴舒适度也很重要，毕竟用户可能会长时间使用。音质当然不能忽视，好的音质能提升用户体验。接下来是电池续航，无线耳机的续航能力是关键，用户不想频繁充电。外观设计也不能马虎，要时尚美观，符合目标用户的审美。还有连接稳定性，蓝牙版本和芯片的选择会影响连接的稳定性和延迟。操作便捷性，比如触控或物理按钮，用户可能有不同的偏好。兼容性方面，支持多种设备和操作系统。价格定位也是要考虑的，不同用户群体对价格的敏感度不同。最后，附加功能如防水等级、语音助手集成等，可能增加产品的竞争力。

用户可能没有明确提到的需求可能包括耳机的重量,轻量化设计能提升舒适度。耳塞的尺寸和材质,不同用户耳道大小不同,可能需要提供多种耳塞选择。环境音模式,允许用户在需要时听到周围声音,增加安全性。还有应用程序的支持,通过 App 调节降噪级别或 EQ 设置。产品的耐用性和保修服务也是用户关心的重点。需要平衡各个要素,确保在预算内达到最佳用户体验。

作为设计师,设计一款降噪耳机需要综合技术、用户体验和美学等多维度需求。以下是核心考量要素及细化说明,以表格形式呈现设计框架:

- **降噪耳机设计要素框架表**

维度	核心要素	设计要点与实现方式	用户价值
降噪性能	1. 主动降噪(ANC)技术	- 采用混合式降噪(前馈+反馈麦克风) - 支持多频段降噪调节(如低频噪声针对性削弱) - 自适应环境降噪模式	消除交通、办公等场景噪音,提升沉浸感
	2. 被动降噪(物理隔音)	- 耳塞人体工学设计(提供 3~5 种硅胶/记忆棉耳套尺寸) - 密闭性结构优化(贴合耳道曲线)	增强隔音效果,减少耳压不适
音质表现	1. 音频硬件配置	- 高解析度动圈/动铁单元 - 支持 LDAC/AptX HD 等编码协议 - 定制化 EQ 预设(通过 App 调节)	保障声音清晰度与层次感,满足音乐/影视需求
	2. 降噪与音质平衡	- 独立声学腔体设计减少音质损失 - 降噪算法与音频解码协同调校	实现"安静环境"与"高保真音质"双赢
舒适性	1. 佩戴体验	- 轻量化材质(单耳≤5g) - 耳挂/耳塞可选结构(运动防脱落/日常舒适) - 泄压孔设计降低耳压	长时间佩戴无负担,适配通勤、运动等场景
	2. 交互友好性	- 触控/物理按键逻辑简化(单击暂停、滑动调音量) - 佩戴检测传感器(摘下自动暂停)	减少操作学习成本,提升使用便捷性
续航与连接	1. 电池性能	- 单次续航≥8h(降噪开启) - 支持快充(充电 10min=2h 使用) - 无线充电盒额外提供 24h 续航	解决续航焦虑,适应长途旅行等高强度使用
	2. 连接稳定性	- 蓝牙 5.3+多设备切换 - 低延迟模式(游戏/视频场景<60ms) - 抗干扰天线设计(复杂环境下稳定连接)	无缝切换设备,保障通话/娱乐流畅性
外观与个性化	1. 视觉设计	- 极简流线型/未来科技感风格选择 - 多色可选(基础色+限量渐变款) - 半透明腔体(露出部分元器件增强技术感)	满足年轻用户对时尚与个性化的追求
	2. 定制服务	- App 自定义触控功能 - 激光雕刻姓名/图案(限量版)	增强用户与产品的情感联结
智能功能	1. 场景化模式	- 环境音透传(调节外界声音强度) - 运动模式(加强低音+降噪优化) - 睡眠模式(白噪声)	适配办公、运动、睡眠等多场景需求

智能功能	2. AI 集成	- 语音助手唤醒（如 Siri/小爱同学） - 智能听力保护（根据环境音量自动限幅）	提升交互效率，保护听力健康
环保与耐用性	1. 材料选择	- 可回收生物基塑料/金属框架 - IPX5 级防水防汗（运动场景）	延长使用寿命，减轻环境负担
	2. 维修便利性	- 模块化设计（电池/耳塞可更换） - 官方以旧换新计划	降低用户长期使用成本

● 设计优先级排序
1. **基础体验三角**：降噪效果 → 音质 → 舒适性（决定用户留存）。
2. **差异化竞争点**：智能场景模式 + 个性化外观（吸引目标用户）。
3. **成本控制关键**：模块化结构 + 通用芯片方案（平衡性能与定价）。

● 用户场景痛点解决方案
1. 通勤族：强降噪+环境音模式快速切换（地铁噪音与机场广播场景）。
2. 运动爱好者：防脱落设计+防水防汗（跑步/健身房场景）。
3. 办公族：长续航+佩戴检测（会议间隙快速摘戴）。
4. 耳机爱好者：高清编码支持+自定义均衡器（满足音质需求）。

通过整合上述要素，最终设计需在技术可行性与用户体验之间找到平衡，同时通过外观和功能创新建立品牌辨识度。

4.3.3 迭代优化，追求完美结果❶

迭代优化是不断提升 DeepSeek 输出质量的关键环节。当得到 DeepSeek 的初次输出结果后，不要急于结束对话，而是要仔细评估结果是否符合预期。如果存在不足，可以根据输出情况调整提示词，通过增加细节、修改语气、调整格式要求等方式进行优化。

例如，当要求 DeepSeek 写一篇关于旅游景点的宣传文案时，第一次的提示词为"写一篇关于张家界旅游景点的宣传文案，突出其独特风景"，输出的文案可能在语言感染力和特色描述方面不够突出。这时，可以优化提示词为"写一篇充满激情和感染力的关于张家界旅游景点的宣传文案，着重描述张家界如仙境般的奇峰异石、幽深的峡谷以及壮观的云海等独特风景，使用生动形象的语言，融入游客的情感体验，让读者产生强烈的向往之情，字数在 800 字左右"。

通过这样的优化，DeepSeek 能够更好地理解用户对文案的期望，生成更优质的宣传文案。在实际应用中，可能需要多次迭代优化提示词，才能得到满意的结果。每一次的优化都是我们与 DeepSeek 之间更深入的沟通，能够不断挖掘它的潜力，让它生成更符合心意的内容。

---

❶ 从本节开始，书内不再显示提供详细的思维链过程。

> 写一篇关于张家界旅游景点的宣传文案，突出其独特风景。

已深度思考（用时 33 秒）

张家界：悬浮于云端的山水秘境，亿万年的自然史诗

若说人间真有仙界遗落的盆景，那一定是张家界。

这里，三千奇峰刺破云海，八百溪流穿行幽谷，云雾在石柱间流淌成河，阳光为每一寸砂岩镀上金边——亿万年的地质裂变与风雨雕琢，让这片湘西秘境成为《阿凡达》幻境的灵感之源，更被誉为"中国山水画的原本"。

1. 三千奇峰立天地，一场视觉的终极震撼

在张家界国家森林公园，3000 余座石英砂岩峰林以近乎垂直的姿态拔地而起，如剑指苍穹，似神兵列阵。乾坤柱（哈利路亚山原型）以海拔 1074 米的孤傲之姿刺穿云雾，天子山的御笔峰在霞光中泼墨挥毫，十里画廊的采药老人、三姐妹峰在光影流转间演绎着自然的拟态神话。乘百龙天梯 1 分 58 秒直抵山巅，或是漫步金鞭溪幽径，每一步都是对"奇、险、幽、秀"的重新定义。

2. 天门洞开，云端之上的极限诗篇

海拔 1518 米的天门山，以一道高 131.5 米、宽 57 米的天然穿山巨洞——天门洞，成为勇气与奇迹的象征。99 道急弯的"通天大道"如玉带缠山，玻璃栈道凌空悬挂于千米绝壁，而全球最长高山客运索道（7455 米）让游客将云海、峰林、田园尽收眼底。翼装飞行者穿越天门洞的瞬间，人类与自然共同书写着惊心动魄的浪漫。

3. 大峡谷玻璃桥，在心跳声中触摸天空

横跨两座绝壁的张家界大峡谷玻璃桥，刷新了人类工程与胆量的边界。行走于全透明桥面，脚下是深不见底的翠谷激流，身旁是掠过崖壁的鹰，云雾漫过脚踝时，仿佛漫步天际。这座世界最高景观桥不仅考验心跳，更让游客饱览张家界地貌与原始次森林交织的生态奇迹。

4. 云与雾的魔法，四季不重演的视觉盛宴
   - **春**：峰林披翠，溪畔野生珙桐绽放"鸽子花"，云雾如纱幔轻拂山腰。
   - **夏**：瀑布轰鸣，金鞭溪成为天然氧吧，夜间萤火虫点亮峡谷星河。
   - **秋**：层林尽染，天子山的五色林海与鎏金峰丛构成油画之境。
   - **冬**：雪覆奇峰，冰挂与云海共舞，宛若水墨丹青画卷。

5. 土风苗韵，山水间流淌的千年故事

在袁家寨子触摸土家族西兰卡普织锦的温度，于溪布老街品尝酸辣醇香的腊肉与三下锅，夜幕降临时，一场《天门狐仙》实景演出以峡谷为幕、星辰为灯，用湘西古老的巫傩文化与爱情传说，为山水注入灵魂。

张家界旅行锦囊

- 必体验：黄石寨观云海、杨家界探秘"天然长城"、宝峰湖泛舟"人间瑶池"。
- 摄影点：老屋场空中田园日出、天子阁日落、迷魂台云瀑。
- 生态奇观：珙桐、大鲵、猕猴……多种珍稀物种共生的原始秘境。

当都市的喧嚣被群峰阻隔，当双脚悬空于云海之上的玻璃栈道，当一束光穿透天门洞照亮脸庞——你会懂得，张家界的山水不是风景，而是亿万年的时光以石为笔，写给人类的震撼情书。

此刻，你与神话，只差一张抵达张家界的车票。

（景区门票预约/定制路线咨询：[官方链接]）

编写 DeepSeek 提示词 第4章

> ❓ 写一篇充满激情和感染力的关于张家界旅游景点的宣传文案，着重描述张家界如仙境般的奇峰异石、幽深的峡谷以及壮观的云海等独特风景，使用生动形象的语言，融入游客的情感体验，让读者产生强烈的向往之情，字数在 800 字左右。

🐋 ⊗ 已深度思考（用时 33 秒）

张家界：仙境在人间，奇峰入云端

你是否曾幻想过，踏入一幅水墨画卷？

张家界，便是大自然亲手绘制的杰作。

这里，三千奇峰拔地而起，八百秀水蜿蜒流淌。

每一眼，都是震撼；每一步，都是仙境。

独一无二的风景，此生必见的奇观

- **天门山**：巍峨天门洞，云雾缭绕间，仿佛通往天界的门户。乘坐世界最长的高山索道，俯瞰群山，感受"一览众山小"的壮阔。
- **袁家界**：《阿凡达》悬浮山的灵感来源，乾坤柱直插云霄，仿佛外星世界的奇幻景象。
- **金鞭溪**：漫步溪边，清澈的水流映照着两岸的奇峰怪石，仿佛走进了一幅流动的山水画。
- **玻璃桥**：横跨峡谷之间，脚下是万丈深渊，每一步都是心跳加速的挑战，也是俯瞰张家界全景的绝佳视角。

四季皆美，各有千秋

- **春**：山花烂漫，云雾缭绕，宛如仙境初醒。
- **夏**：绿意盎然，溪水清凉，是避暑的绝佳去处。
- **秋**：层林尽染，红叶点缀峰林，如诗如画。
- **冬**：银装素裹，奇峰披上雪衣，静谧而圣洁。

不止于风景，更有文化的温度

- **土家族风情**：走进土家村寨，感受独特的民俗文化，品尝地道的土家美食，聆听古老的传说与歌谣。
- **天门狐仙**：夜晚的天门山下，一场实景山水剧将神话与自然完美融合，震撼人心。

为什么选择张家界？

- **世界级的地质奇观**：联合国教科文组织世界自然遗产，全球独一无二的石英砂岩峰林地貌。
- **便捷的交通体验**：高铁直达，景区设施完善，轻松开启仙境之旅。
- **适合所有旅行者**：无论是徒步探险、摄影打卡，还是亲子度假、文化体验，张家界都能满足你的期待。

来张家界，遇见不一样的自己

在这里，你可以：

- 站在云端，感受自然的壮丽与人类的渺小。
- 穿越峡谷，聆听风与山的对话。
- 放下喧嚣，回归内心的宁静与自由。

张家界，不只是一座山，更是心灵洗礼的圣地。

你，准备好启程了吗？

仙境在人间，奇峰入云端——张家界，等你来发现！

63

4.4 常见误区与应对策略

4.4.1 过于笼统，不够精准

在使用 DeepSeek 时，提示词过于笼统是一个常见的问题，这往往会导致 DeepSeek 无法准确理解用户的具体需求，从而生成的内容与期望相差甚远。例如，当输入"给我写一篇文章"这样的提示词时，DeepSeek 面临的是一个极其宽泛的指令，它无法确定文章的主题、体裁、受众、字数要求以及具体内容方向等关键信息。这就好比让一个人去完成一项任务，却没有告诉他具体要做什么、做到什么程度以及在什么条件下完成，结果自然是难以令人满意的。

在这种情况下，DeepSeek 可能会随机选择一个主题，或者按照其默认的模板生成一篇通用型的文章，这样的文章往往缺乏针对性和实用性。为了避免这种情况，需要在编写提示词时尽可能地明确主题和限定范围。比如，如果想要一篇关于人工智能在教育领域应用的议论文，可以这样编写提示词："撰写一篇 1500 字左右的议论文，探讨人工智能在教育领域的应用现状、面临的挑战以及未来发展趋势，需结合具体案例进行分析，并在文章结尾提出自己对人工智能与教育融合前景的看法。"通过这样明确的提示词，DeepSeek 能够清楚地了解用户需求，从而生成更符合要求的文章。

4.4.2 忽略细节，输出偏差

忽略关键细节也是在使用提示词过程中容易出现的问题。即使用户给出了大致的任务方向，但如果缺少一些关键信息，DeepSeek 生成的输出可能会与预期存在偏差。以设计一个活动策划方案为例，如果只输入"设计一个公司团建活动策划方案"，虽然 DeepSeek 能够理解我们需要一个团建活动方案，但由于缺乏一些关键细节，如活动预算、参与人数、活动时间限制、员工的兴趣偏好以及公司的文化特点等，它生成的方案可能并不符合公司的实际情况和员工的期望。

比如，方案中选择的活动场地可能超出了预算，或者活动内容不适合大多数员工的年龄和兴趣，这样的方案显然无法满足实际需求。因此，在编写提示词时，要尽可能地细化要求，补充关键信息。对于上述团建活动策划方案的提示词，可以优化为，"为 [公司名称] 设计一个预算在 5 万元以内，适合 200 名员工参与，活动时间为周六一天的公司团建活动策划方案。员工年龄主要在 25～40 岁之间，大部分员工对户外运动和团队合作游戏感兴趣，公司文化注重创新和团队协作。方案需包含活动流程安排、所需物资清单、人员分工以及预算分配等内容。"这样详细的提示词能够帮助 DeepSeek 生成更贴合实际需求的活动策划方案。

4.4.3 过度复杂，重点迷失

当提示词过长或过于复杂时，DeepSeek 可能会在众多的信息中迷失重点，导致生成的内容混乱或偏离主题。有些用户为了让 DeepSeek 全面了解自己的需求，会在提示词中加入过多的细节、条件和说明，结果反而使提示词变得冗长复杂，让 DeepSeek 难以把握核心要点。例如，在要求 DeepSeek 写一篇关于环保的文章时，有的用户可能会这样编写提示词："写一篇关于环保的文章，要涵盖全球气候变化、塑料污染、森林砍伐、水资源短缺、能源转型等多个方面，每个方面都要详细阐述其现状、原因、影响以及解决方案，还要结合最新的研究数据和实际案例进行分析，同时要考虑不同国家和地区的差异，并且文章要具有创新性和前瞻性，语言要生动形象，通俗易懂，适合在大众媒体上发表，字数在 3000 字以上。"

这样的提示词虽然看似全面，但过于复杂，DeepSeek 在处理时可能会顾此失彼，无法突出重点。而且，过多的信息也可能导致 DeepSeek 在理解和组织内容时出现混乱，最终生成的文章可能结构不清晰，逻辑不连贯。为了避免这种情况，应简化提示词，突出核心需求。比如，可以将上述提示词简化为，"写一篇 3000 字左右关于环保的文章，重点分析塑料污染对海洋生态的影响及解决方案，结合权威研究数据和实际案例，语言通俗易懂，适合在大众媒体上发表。"这样的提示词简洁明了，重点突出，能够让 DeepSeek 更好地理解用户需求，从而生成更优质的内容。

4.5 官方提示词库

DeepSeek 官方提供了一个非常实用的提示词库，里面包含 10 多种不同领域的提示词示例，涵盖了生活、工作、学习等多个方面，如图 4-1 所示。具体地址为 https://api-docs.deepseek.com/zh-cn/prompt-library/。

提示库

探索 DeepSeek 提示词样例，挖掘更多可能

代码改写
对代码进行修改，来实现纠错、注释、调优等。

代码解释
对代码进行解释，来帮助理解代码内容。

代码生成
让模型生成一段完成特定功能的代码。

内容分类
对文本内容进行分析，并对齐进行自动归类。

结构化输出
将内容转化为 Json，来方便后续程序处理

角色扮演（自定义人设）
自定义人设，来与用户进行角色扮演。

角色扮演（情景续写）
提供一个场景，让模型模拟该场景下的任务对话

散文写作
让模型根据提示词创作散文

诗歌创作
让模型根据提示词，创作诗歌

文案大纲生成
根据用户提供的主题，来生成文案大纲

宣传标语生成
让模型生成贴合商品信息的宣传标语。

模型提示词生成
根据用户需求，帮助生成高质量提示词

中英翻译专家
中英文互译，对用户输入内容进行翻译

图 4-1　DeepSeek 官网提示库

用户可以根据自己的需求，选择合适的类别，以代码改写为例：单击"代码改写"按钮，就会弹出相应的页面，如图 4-2 所示。

代码改写

对代码进行修改，来实现纠错、注释、调优等。

提示词

USER　下面这段的代码的效率很低，且没有处理边界情况。请先解释这段代码的问题与解决方法，然后进行优化：

```
def fib(n):
    if n <= 2:
        return n
    return fib(n-1) + fib(n-2)
```

样例输出

问题分析

这段代码实现了一个递归的斐波那契数列计算函数 `fib(n)`。虽然代码简洁，但它存在以下几个问题：

1. **重复计算**：递归调用会导致大量的重复计算。例如，计算 `fib(5)` 时，`fib(3)` 和 `fib(2)` 会被多次计算，导致效率低下。

图 4-2　代码改写提示词

在该页面中，会有相应的案例介绍，用户可根据案例写出提示词。

掌握了 DeepSeek 官方提示词库的使用方法，你就能充分发挥其强大的功能，无论是工作中的文案撰写、数据分析，还是生活中的旅游规划、美食推荐，它都能成为你的得力助手。

第 2 部分
DeepSeek 助力工作

第5章
公文与演讲，智慧创作

5.1 演讲稿

在公司年会上，作为部门负责人，需要发表一篇鼓舞士气、展望未来的演讲。以往，撰写这样的演讲稿，需要花费大量时间收集资料、构思内容、组织语言，还担心不能准确传达自己的想法，引起员工的共鸣。有了DeepSeek，这一切变得轻松起来。

向DeepSeek输入"帮我写一篇公司年会部门负责人演讲稿，回顾过去一年部门的成绩，分析存在的问题，展望新的一年的目标和计划，语言富有激情和感染力"。DeepSeek迅速生成了一篇结构清晰、内容丰富的演讲稿，只需对其稍加修改，就能轻松完成一篇高质量的演讲稿，在年会上展现出自己的风采，激励员工为新的一年努力奋斗。

> ❓ 帮我写一篇公司年会部门负责人演讲稿，回顾过去一年部门的成绩，分析存在的问题，展望新的一年的目标和计划，语言富有激情和感染力。

> 🐋 以下是一篇富有激情和感染力的部门负责人年会演讲稿模板，您可根据实际情况调整内容：
>
> 尊敬的各位领导、亲爱的同事们：
> 大家好！
> 今天，我们相聚在这里，共同见证属于我们的荣耀时刻！站在这里，我的内心无比澎湃。过去的一年，是汗水与欢笑交织的一年，是挑战与突破并存的一年，更是我们（部门名称）团队用拼搏书写传奇的一年！此刻，请允许我向每一位并肩作战的伙伴深深鞠一躬——谢谢你们！（停顿，鞠躬，可带动掌声）

第一部分：回首征程，致敬奋斗的我们

这一年，我们像一支骁勇的战队，在市场的浪潮中劈波斩浪！

- **数据见证实力**：我们超额完成年度目标（具体数据），客户满意度提升（数据），（核心业务指标）稳居公司前列！
- **创新点燃火花**：我们攻克了（具体项目/技术难点），推出了（新产品/服务），用敢为人先的勇气开辟了新赛道！
- **团队凝聚力量**：忘不了加班时互相递上的一杯咖啡，忘不了项目冲刺时坚定的呐喊，更忘不了庆功宴上每一张自豪的笑脸！（语气渐强，配合手势）

这就是我们的团队——平凡却从不平庸，渺小却创造伟大！（提高音量，引发共鸣）

第二部分：直面挑战，清醒者的勇气

成绩属于过去，而真正的强者永远看向未来！

我们必须清醒地看到：

- **效率的瓶颈**：部分流程冗余，跨部门协作仍有摩擦，（举例具体问题）拖慢了冲锋的脚步。
- **创新的焦虑**：市场竞争白热化，我们的（产品/服务）迭代速度还需更快，差异化优势亟待突破。
- **成长的阵痛**：团队规模扩大，但新人的融入速度、老将的突破意识，仍需用"刀刃向内"的魄力去打磨！

问题不可怕，可怕的是视而不见！（握拳，坚定）我坚信，只要刀刃敢向自己，就没有翻不过的高山！

第三部分：2025，向新而生，向高而攀！

新的一年，我们将以（公司战略关键词，如"数字化转型""客户第一"等）为旗帜，打响三大战役：

1. 打赢效率攻坚战
   - 推行（具体措施，如"敏捷工作法""流程数字化"），砍掉无效环节，让团队轻装上阵！
2. 打赢创新突围战
   - 设立（创新机制，如"金点子孵化基金""跨部门创新小组"），让每一个创意都有绽放的舞台！
3. 打赢人才升级战
   - 启动（培养计划，如"精英导师制""技能比武大赛"），让每个人都能在这里成长为更好的自己！

（挥动手臂，语气激昂）

同事们！2025年的战鼓已经擂响，我们的目标不是"尽力而为"，而是"使命必达"！我期待与大家共同做到：

- 用"死磕到底"的狠劲，把每个细节做到极致；
- 用"颠覆常规"的闯劲，在无人区开辟新航道；
- 用"彼此托付"的亲劲，让团队成为最坚实的后盾！

结尾：呼唤热血，点燃未来

最后，我想说：（放缓语速，深情）

我们不是一个人在战斗，我们的背后是公司的信任，是家人的支持，更是心中那份不服输的信念！

（举起拳头，高亢）

2025，让我们以梦为马，以汗为泉，把每一个"不可能"踩在脚下，把（部门名称）的战旗插在行业之巅！（停顿）

谢谢大家！（鞠躬，长时间掌声）

使用技巧：

1. **数据化表达**：用具体数字增强说服力（如"业绩增长120%""客户复购率提升35%"）；
2. **互动设计**：在关键节点引导掌声或口号（如"大家说，能不能做到？"）；
3. **肢体语言**：配合手势、眼神和步伐，传递自信与决心；
4. **情绪起伏**：从激昂到深沉再到高亢，带动听众情感共鸣。

可根据实际业务替换括号内内容，预祝演讲成功！

5.2　发言稿

在行业研讨会上，需要对行业的最新动态和发展趋势发表自己的见解。DeepSeek 能够帮助提炼关键要点，组织语言，使发言更加专业、有条理。

以人工智能行业研讨会为例，向 DeepSeek 输入"我要在人工智能行业研讨会上发言，谈谈当前人工智能在医疗领域的应用现状和未来发展趋势，帮我整理发言要点"。DeepSeek 很快给出了详细的要点。根据这些要点，再结合自己的研究和实践经验，就能轻松撰写一篇有深度、有价值的发言稿，在研讨会上与同行进行深入交流，展示自己的专业素养。

> ❓ 我要在人工智能行业研讨会上发言，谈谈当前人工智能在医疗领域的应用现状和未来发展趋势，帮我整理发言要点。

> 以下是为您整理的 AI 医疗领域应用现状与未来趋势的发言要点，结构清晰、重点突出，适合行业研讨会的高质量内容：
>
> **一、当前 AI 在医疗领域的核心应用场景**
>
> 1. 医学影像革命
>   - **现状**：AI 在 CT、MRI、X 光等影像识别准确率超 95%（例：Google DeepMind 乳腺癌检测系统准确率超放射科医生），FDA 已批准 100+款 AI 影像辅助产品。
>   - **痛点突破**：减少漏诊（如肺结节筛查）、缩短诊断时间（急诊场景下 AI 辅助脑卒中诊断提速 60%）。
> 2. 临床决策支持系统（CDSS）
>   - **案例**：IBM Watson Oncology 辅助癌症治疗方案推荐；AI 预测脓毒症风险（例：约翰霍普金斯医院系统将死亡率降低 18%）。
>   - **价值**：整合海量文献与患者数据，减少临床误判。
> 3. 药物研发加速器
>   - **数据**：AI 将新药研发周期从 5 年缩短至 1~2 年（例：Insilico Medicine 用 AI 设计特发性肺纤维化药物，6 个月完成传统 6 年工作）。
>   - **突破方向**：靶点发现、化合物筛选、临床试验模拟。
> 4. 个性化医疗与基因分析
>   - **应用**：AI 解读基因组数据定制治疗方案（例：癌症精准用药指导），穿戴设备+AI 实现慢病动态管理。
> 5. 医疗机器人爆发
>   - **外科**：达芬奇手术机器人完成 600 万例手术，AI 增强术中实时决策。
>   - **服务**：护理机器人、消毒机器人缓解医护人力短缺。
>
> **二、AI 医疗面临的四大核心挑战**
>
> 1. 数据壁垒
>   - 医疗数据孤岛化（医院间数据不互通）、标注成本高、隐私保护与数据利用的平衡难题。

2. 算法信任危机
   - 黑箱模型导致医生抵触（需发展可解释性 AI），算法偏见问题（如皮肤癌诊断模型对深色皮肤人群准确率下降）。
3. 监管滞后性
   - 审批标准模糊（如 AI 作为"辅助工具"还是"独立诊断设备"），责任认定机制缺失。
4. 商业化困境
   - 医院付费意愿低（需证明 AI 能直接创收），保险覆盖不足，患者认知度待提升。

三、未来 3~5 年关键发展趋势

1. 技术融合爆发
   - **多模态 AI**：融合影像、病理、基因、电子病历等多维度数据构建"数字孪生患者"。
   - **生成式 AI 突破**：用大模型加速药物分子生成（例：AlphaFold 3 预测蛋白质—配体结构），自动生成个性化健康干预方案。
2. 医疗范式重构
   - **从"治疗"到"预防"**：AI+可穿戴设备实现疾病早期预警（如通过心率变异预测心脏病风险）。
   - **去中心化医疗**：家庭 AI 诊断设备+远程医疗，推动"医院—社区—家庭"三级网络。
3. 伦理与监管进化
   - 区块链+联邦学习破解数据隐私难题，全球监管框架加速统一（关注欧盟 AI 法案、美国 FDA 数字健康行动计划）。
4. 医疗平等新机遇
   - AI 辅助诊断系统下沉基层医院（例：腾讯觅影赋能县域医院），缩小城乡医疗资源差距。

四、给行业参与者的关键建议

1. **对企业**：深耕垂直场景（如眼科/病理专科 AI），构建"算法+硬件+服务"闭环。
2. **对医疗机构**：建立 AI 伦理委员会，开展"影子模式"验证（先让 AI 默默学习医生决策，再逐步介入）。
3. **对政策制定者**：加快建立 AI 医疗沙盒监管机制，推动公共医疗数据开放。

金句点睛：
- "AI 不会取代医生，但会用 AI 的医生将取代不用 AI 的医生。"
- "我们正在从'千人一药'走向'千人千面'的医疗黄金时代。"

演讲设计技巧

1. **用对比制造张力**：例"2023 年 AI 诊断皮肤癌准确率 92% vs. 人类医生 86%"。
2. **场景化描述**：以"未来某天，你的手表比你先发现癌症"开场。
3. **抛出争议问题**：如"当 AI 诊断结果与医生冲突时，我们该相信谁？"引发互动。

可根据您的身份（企业/学者/投资人）调整侧重点，建议加入所在机构的前沿案例增强说服力。

5.3　祝福语

在各种节日和特殊场合，送上一份真挚的祝福，能让亲朋好友感受到温暖和关怀。DeepSeek 可以根据不同的场合和对象，创作温馨、个性化的祝福语。

比如，朋友生日时，向 DeepSeek 输入"帮我写一段给朋友的生日祝福语，表达我们的深厚友谊和对他的美好祝愿"。DeepSeek 生成的祝福语是:"亲爱的[朋友名字],恭喜你又成功解锁一岁!在这特别的日子里,我想对你说,感谢命运让我们成为朋友,这些年一起走过的欢笑与泪水,都是我们珍贵的回忆。愿新的一岁,你的生活充满阳光,梦想都能实现,快乐永远围绕着你。不管未来的路有多长,我都会一直在你身边,陪你一起疯,一起闹。生日快乐,我的挚友!"这样的祝福语充满了真情实感,比千篇一律的祝福语更能打动人心。

> 公司内一对新人即将结婚,邀请我作为公司领导在婚礼上发言,请帮我写一份祝福语。

以下是为您准备的婚礼祝福致辞模板,您可以根据实际情况调整内容:

各位来宾、亲朋好友们:

　　大家好!今天,我们相聚在这里,共同见证××(新郎姓名)和××(新娘姓名)人生中最重要的时刻。作为公司领导,同时也是他们职业生涯的见证者,我格外荣幸能代表公司全体同仁,向这对新人送上最真挚的祝福!

　　××(新郎/新娘)在公司工作的这些年里,始终以××(具体优点,如"踏实勤勉的态度""创新的思维"或"温暖待人的品格")感染着身边的每一位同事。今天,看到他们携手步入婚姻殿堂,我忽然明白——优秀的人无论在职场还是生活中,都懂得用心经营。从他们默契的眼神中,我看到的不只是爱情的火花,更有对未来共同的担当与承诺。

　　婚姻如同事业,需要智慧、包容和共同成长。作为过来人,我想送给新人三个关键词:

　　第一是"珍惜"——珍惜相遇的缘分,珍惜彼此独一无二的闪光点;

　　第二是"支持"——未来路上难免风雨,愿你们始终是对方最坚实的后盾;

　　第三是"分享"——分享喜悦,也分担责任,让爱在平凡的日子里愈发醇厚。

　　最后,我谨代表公司大家庭,祝愿××和××永结同心、幸福美满!也愿你们在人生的新篇章里,既能收获"小家"的温馨,也能延续"大家"(指向公司)的精彩!让我们共同举杯,为爱情干杯,为幸福喝彩!

使用提示:

1. 可根据新人性格补充具体事例(如合作项目中的默契配合);
2. 若了解恋爱故事,可加入"从同事到爱人"的浪漫转折;
3. 结尾处适当幽默(如"今后加班可要提前向另一半请假了"),能活跃气氛。

5.4　获奖感言

　　当获得奖项时,需要发表一篇获奖感言,表达自己的感激之情和成长感悟。DeepSeek 可以帮助撰写真挚感人的获奖感言。

> 我作为学生，参加省职业技能大赛，获得一等奖，请写一篇获奖感言，重点突出老师的培养和同学的帮助，大约3分钟讲完。

以下是一篇情感真挚、结构清晰的获奖感言模板，约650字（正常语速3分钟），突出团队支持，体现学生谦逊感恩的形象：

尊敬的各位领导、老师，亲爱的同学们：
大家好！
此刻站在这里，我的手中是沉甸甸的奖杯，心中是满溢的感恩。这份荣誉不只属于我个人，更属于（学校名称）这片孕育梦想的土壤，属于所有为我点亮前行灯塔的人。（鞠躬）

一、追光之路：从迷茫到坚定的蜕变
一年前，当我第一次走进实训室时，面对复杂的（具体技能设备/软件，如"数控机床操作界面""编程代码"），我和所有初学者一样充满惶恐，是老师的一句话让我重燃信心："（老师金句，如'技能是用汗水翻译热爱的语言'）"。

- 忘不了寒冬清晨，（老师姓名）老师提前两小时到校为我单独辅导，手把手纠正我（具体技能难点，如电路焊接角度、代码逻辑漏洞）；
- 忘不了暑假集训，同学们自发成立陪练小组，轮流扮演评委模拟答辩，用手机录下我操作时的表情，帮我改进；
- 更忘不了比赛前夜，团队在微信群里的刷屏祝福："你不是一个人在战斗！"

（停顿，声音微颤）这些片段让我明白：所谓成长，从来不是一个人的孤军奋战。（鞠躬致谢老师同学方向）

二、致谢清单：那些托起我飞翔的手
- 致敬导师团：

感谢（老师姓氏）老师，您用（具体事例，如凌晨回复的批注文档、自创的速记口诀）教会我"工匠精神就是重复到极致仍追求完美"；
感谢（实训指导老师姓氏）教练，您说"故障是锻炼技能最好的老师"，让我学会在每一次设备报错中冷静思考。

- 致敬战友们：

谢谢（同学名字），为了帮我突破（具体项目，如机器人装配速度），你把自己的训练时间让给我；
谢谢（团队名称）小组，你们整理的（资料类型，如历年真题错题集），让我少走了无数弯路。

（转向观众席，提高声量）今天，请允许我把奖杯拆成三份：一份留给母校的实训室，一份送给日夜操劳的老师，最后一份——（举起奖杯）属于每一个为我鼓掌的你们！（掌声）

三、未来承诺：以谦卑之心续写热爱
这个一等奖不是终点，而是提醒我肩负更大的责任：
- 我将成立（技能类型）互助小组，把参赛经验分享给学弟学妹；
- 我会带着老师传授的（具体技能或理念），向全国赛舞台发起冲击；
- 我更要永远记得：（学校精神/校训，如"精益求精，匠心筑梦"），用技能回报社会。

（结尾握拳，目光坚定）
最后，请允许我以三个鞠躬结束发言：
一鞠躬，感谢这片成就梦想的土地；
二鞠躬，致敬所有托举我的人；
三鞠躬，致未来的自己——不忘初心，永做技能路上的追光者！
谢谢大家！（深鞠躬，持续掌声）

使用技巧：
1. **具象化故事**：用"寒冬清晨""手把手纠正"等细节替代空泛感谢，更显真诚。

2. **分层致谢**：按导师→同学→集体顺序，避免漏掉关键人物。
3. **动态设计**：
   - 讲到老师时看向导师席，提到同学时挥手示意；
   - 在"拆奖杯"等环节配合手势，增强感染力。
4. **控制节奏**：
   - 感恩部分语速放缓，承诺部分铿锵有力；
   - 三次鞠躬间隔 2 秒，给听众情感共鸣时间。

可根据实际经历修改内容，预祝演讲真挚动人！

5.5 会议纪要

在职场中，会议是沟通协作的重要方式，而会后整理会议纪要往往是一项烦琐的任务。DeepSeek 的出现，让会议纪要的生成变得轻松快捷。比如，在一次市场部的周会上，大家讨论了新产品的推广策略、下季度的营销计划以及当前市场竞品分析等内容。会议结束后，工作人员只需将会议文字记录上传到 DeepSeek，并输入指令："提取会议中的关键决策、待办事项和责任人，生成会议纪要。"DeepSeek 便迅速分析内容，生成一份条理清晰的会议纪要，"明确指出新产品将在本月底启动线上推广，由小王负责社交媒体平台的宣传工作；下季度营销计划预算为 50 万元，由小张制定详细方案；针对竞品分析，小李需在下周提交一份详细报告。"整个过程只需短短几分钟，大大提高了工作效率，而且生成的会议纪要准确性高，避免了人工记录可能出现的遗漏和错误。

> ❓ 我将给你提供一段会议内容，帮我整理成一份符合规范格式的会议纪要。
>
> 以下是会议内容：2025 年 1 月 24 日下午 3 点，公司主要领导召集项目经理、项目总工在贵宾室召开了春节期间安全会议，重点强调安全防范措施；部分工程复工的开工动员；加强项目部的有效管理。参与人员：李董事长、张总、王副总、小马、小侯、小高。副总就安全生产做了重要报告，强调要做好六个方面的工作：
> 1. 做好安全自查。
> 2. 对出现的安全隐患及时整改。
> 3. 完善项目部的安检机制。
> 4. 做好安全台账。
> 5. 专职安全员以身作则，切实做好安全工作。
> 6. 施工人员及机械进场前要重点开安全生产会，教育到人，落实到人。
>
> 随后，进行了一场讨论，并总结了以下几点经验：
> 1. 每天都要明确好自己的任务。
> 2. 给突发事件留出一定的时间。
> 3. 解决好突发事件之后要赶紧回到岗位，继续完成之前的工作。
> 4. 遇到自己解决不了的问题，要学会寻求他人的帮助。
>
> 会议由总经理主持，董事长做了重要讲话和工作布置，强调"把安全生产作为企业的生命线来抓""企业的发展要立足于长远""要让每个员工在公司找到自己的归属感，公司将提供有利平台，让大家谋发展"。

会议纪要

会议纪要
会议时间：2025 年 1 月 24 日 15:00
会议地点：公司贵宾室
主 持 人：总经理
参会人员：李董事长、张总、王副总、小马、小侯、小高

一、会议主题
1. 春节期间安全防范措施部署
2. 部分工程复工的开工动员
3. 加强项目部有效管理

二、会议内容
（一）安全生产工作报告（王副总）
针对春节期间及复工后安全生产工作，需重点落实以下六项措施：
1. 开展安全自查：各项目部全面排查安全隐患。
2. 隐患整改：发现问题立即整改，杜绝拖延。
3. 完善安检机制：优化项目部安全检查制度，确保执行到位。
4. 规范安全台账：详细记录安全检查、整改及培训情况。
5. 安全员履职：专职安全员需以身作则，严格监督安全措施落实。
6. 入场教育与责任落实：施工人员及机械进场前须召开安全生产会，明确责任到人。

（二）讨论与经验总结
与会人员结合项目管理实践，达成以下共识：
1. 任务明确：每日工作计划需清晰分解并严格执行。
2. 预留应急时间：为突发事件预留处理窗口，避免影响整体进度。
3. 及时回归主线：解决突发事件后应迅速回归原定工作安排。
4. 协同解决难题：遇无法独立解决的问题应及时向上级或同事寻求支持。

三、领导重要讲话
董事长强调：
1. 安全生产为核心："把安全生产作为企业的生命线来抓"，一切发展以安全为前提。
2. 长远发展理念："企业的发展要立足于长远"，兼顾效益与可持续性。
3. 员工归属感与平台建设："要让每个员工在公司找到自己的归属感，公司将提供有利平台，让大家谋发展。"

总经理总结：
要求各部门迅速传达会议精神，压实责任，确保春节前后安全生产及复工工作有序推进。

记录人：[根据实际填写]
抄送：参会人员、项目部负责人
（注：请根据实际需求补充记录人信息后正式签发。）

5.6 工作计划

制定清晰合理的工作计划是保证工作顺利开展的重要前提。借助 DeepSeek，不同行业的从业者都能轻松制定出符合自身需求的工作计划。以教师为例，新学期开始前，一位老师在 DeepSeek 中输入本学期的教学任务、课程安排以及学生情况等信息，请求它帮忙制定教学计划。DeepSeek 生成了一份详细的计划，包括每周的教学内容、教学方法的选择、作业布置与批改安排，以及针对不同学习水平学生的辅导计划等。再如，一名销售人员在制定月度工作计划时，DeepSeek 根据他本月的销售目标、客户资源以及市场动态，为他规划了每天的客户拜访计划、销售活动安排以及跟进策略，让他对工作有了清晰的方向和目标。

> 作为一名销售人员，计划一个季度内实现销售额增长 20%，新客户开发数量达到 20 个，客户满意度保持在 90%以上。具体操作有电话拓展用户，维护老用户，增加促销活动，自我提升等。请写一个月度工作计划，有具体的时间要求。

销售人员月度工作计划

目标：
1. 季度销售额增长 20%。
2. 新客户开发数量达到 20 个。
3. 客户满意度保持在 90%以上。

第一周
目标： 制定详细计划，启动客户拓展与维护工作。
具体安排：
- 周一至周三：
  - 梳理现有客户资源，分类整理客户信息（高潜力客户、老客户、潜在客户）。
  - 制定电话拓展话术，准备客户沟通材料（产品介绍、促销活动等）。
  - 确定本月促销活动方案（如折扣、赠品等），并提交上级审批。
- 周四至周五：
  - 开始电话拓展新客户，目标每天联系 10 个潜在客户，记录沟通结果。
  - 联系老客户，了解近期需求，介绍本月促销活动，争取订单。
  - 总结本周工作，分析客户反馈，调整下周计划。

自我提升：
- 学习产品新特性，熟悉竞品动态。
- 参加一次销售技巧培训（线上或线下）。

第二周
目标： 加大客户拓展力度，推进促销活动。

77

具体安排：

- 周一至周三：
  - 继续电话拓展新客户，目标每天联系 15 个潜在客户。
  - 对上周联系的高潜力客户进行二次跟进，争取达成合作意向。
  - 启动促销活动，通过邮件、微信等方式向客户推送活动信息。
- 周四至周五：
  - 拜访 2~3 个重点老客户，面对面沟通需求，巩固合作关系。
  - 跟进促销活动效果，收集客户反馈，优化活动细节。
  - 总结本周工作，分析新客户开发进展及销售额增长情况。

自我提升：

- 阅读一本销售相关书籍（如《销售圣经》），并记录学习心得。
- 与同事分享销售经验，学习优秀案例。

第三周

目标： 深化客户关系，提升客户满意度。

具体安排：

- 周一至周三：
  - 对已开发的新客户进行回访，了解产品使用情况，解决潜在问题。
  - 继续电话拓展新客户，目标每天联系 10 个潜在客户。
  - 针对老客户推出专属优惠活动，提升复购率。
- 周四至周五：
  - 组织一次小型客户答谢会（线上或线下），邀请重点客户参与，增强客户黏性。
  - 收集客户满意度反馈，针对问题制定改进措施。
  - 总结本周工作，分析客户满意度及销售额增长情况。

自我提升：

- 学习客户关系管理工具的使用，提升客户管理效率。
- 参加一次行业交流会，了解市场动态。

第四周

目标： 总结月度工作，优化下月计划。

具体安排：

- 周一至周三：
  - 对本月新客户开发情况进行复盘，分析成功与失败原因。
  - 联系未成交的潜在客户，争取最后合作机会。
  - 对老客户进行满意度调查，收集改进建议。
- 周四至周五：
  - 汇总本月销售额、新客户数量及客户满意度数据，撰写月度总结报告。
  - 根据本月工作成果，制定下月工作计划，明确重点任务。
  - 向上级汇报本月工作进展及下月计划。

自我提升：

- 总结本月学习成果，制定下月学习计划。
- 与团队分享本月成功案例，共同提升销售能力。

关键指标跟踪：

- 每周：

- ○ 新客户开发数量（目标：每周 5 个）。
- ○ 销售额增长情况（目标：每周增长 5%）。
- ○ 客户满意度反馈（目标：保持在 90%以上）。
- 每月：
- ○ 汇总月度数据，分析目标完成情况，优化下月计划。

通过以上计划，力争实现季度目标，同时不断提升个人能力，为长期发展奠定基础。

5.7 电子邮件

邮件是职场沟通的重要工具，一封规范、专业的邮件能够准确传达信息，提高沟通效率。DeepSeek 可以帮助职场人士轻松撰写各类工作邮件。例如，一位员工需要向领导汇报项目进度，他在 DeepSeck 中输入项目的当前进展情况、遇到的问题以及下一步计划等内容，然后请求生成邮件。DeepSeek 生成的邮件内容如下："尊敬的领导，您好！目前项目已完成 80%，在开发过程中遇到了技术难题，但已通过团队协作解决。下一步计划在本周内完成测试，确保项目按时交付。"这封邮件语言简洁明了，结构清晰，准确传达了关键信息。使用 DeepSeek 撰写邮件，不仅节省了时间，还能避免因表达不当而产生的误解，提升了沟通效果。

> 我叫张三，是一家公司的技术总监。请写一封邮件，提醒销售部同事李四，尽快完成 A 公司项目的前期准备工作，做好工作对接，列出任务清单，并制定任务时间节点。

邮件主题：请尽快完成 A 公司项目前期准备工作及任务对接

收件人：李四
抄送：相关项目组成员
发件人：张三
日期：2024 年 10 月 25 日

邮件正文：
李四，你好！
为确保 A 公司项目顺利启动，请尽快完成项目前期准备工作，并做好与相关部门的对接工作。以下是需要重点关注的任务清单及时间节点，请务必按时完成。

任务清单：
1. 客户需求确认
   - ○ 与 A 公司对接，明确项目需求及交付标准。
   - ○ 整理客户需求文档，并提交技术部审核。

2. 项目资源准备
   - 确认项目所需资源（人员、设备、软件等），并协调相关部门落实。
   - 确保资源在项目启动前到位。
3. 项目计划制定
   - 制定详细的项目计划，包括任务分配、时间节点及里程碑。
   - 与技术部、市场部等部门确认计划可行性。
4. 风险评估与应对方案
   - 识别项目潜在风险，制定应对方案。
   - 与团队沟通风险点及应对措施。
5. 客户沟通机制建立
   - 确定与 A 公司的沟通频率及方式（如周报、例会等）。
   - 指定专人负责客户对接，确保信息传递及时准确。

时间节点：
- 10 月 27 日：完成客户需求确认，并提交需求文档。
- 10 月 30 日：完成项目资源准备，并确认资源到位情况。
- 11 月 1 日：完成项目计划制定，并与相关部门确认。
- 11 月 3 日：完成风险评估及应对方案，并与团队沟通。
- 11 月 6 日：建立客户沟通机制，并开始执行。

请根据以上任务清单及时间节点，尽快推进相关工作。如有任何问题，请及时与我或相关部门沟通。
感谢你的配合！

张三
技术总监
×××公司
电话：123-4567-890
邮箱：zhangsan@company.com

希望这封邮件能帮助您高效传达信息！如需调整，请随时告知。

5.8 工作汇报

工作汇报是展示工作成果、与上级沟通的重要方式。DeepSeek 能够辅助用户整理工作汇报内容，使其更具逻辑性和说服力。比如，一位项目经理在准备季度工作汇报时，将项目的各项数据、完成的任务、取得的成果以及存在的问题等信息输入 DeepSeek，并要求它帮忙整理。DeepSeek 根据这些信息，生成了一份有条理的汇报大纲，从项目背景、目标设定开始，依次阐述项目执行过程中的关键节点、取得的成绩（如项目提前完成、成本控制在预算内等），再到分析遇到的问题及解决措施，最后提出未来的工作计划和展望。在具体内容撰写上，DeepSeek 还提供了丰富的表达方式和数据可视化建议，帮助项目经理将复杂的数据转化为直观的图表，使汇报内容更加生动形象，让领导能够快速了解项目的全貌和重点。

> 我是 A 公司的技术工程师，刚刚完成 B 公司 ERP 项目的部署工作。请写一份工作总结，主要内容有任务背景、任务内容、出现问题、任务总结。

B 公司 ERP 项目部署工作总结

总结人：A 公司技术工程师
日期：2024 年 10 月 25 日

一、任务背景

B 公司为提高企业管理效率，决定引入 ERP 系统，以实现业务流程的数字化和自动化。A 公司作为技术供应商，负责 ERP 系统的部署与实施工作。本次项目的主要目标是完成 ERP 系统的安装、配置、数据迁移及用户培训，确保系统顺利上线并满足 B 公司的业务需求。

二、任务内容

1. 需求分析与方案制定
   - 与 B 公司 IT 部门及业务部门沟通，明确系统需求及功能模块。
   - 制定详细的部署方案，包括硬件环境准备、软件安装、数据迁移计划等。
2. 系统部署与配置
   - 在 B 公司服务器上安装 ERP 系统，完成基础环境配置（如数据库、网络设置等）。
   - 根据 B 公司业务流程，配置系统参数及功能模块。
3. 数据迁移与验证
   - 将 B 公司原有系统的数据迁移至 ERP 系统，确保数据完整性和准确性。
   - 对迁移后的数据进行验证，修复数据异常问题。
4. 用户培训与测试
   - 为 B 公司员工提供系统操作培训，确保其熟悉 ERP 系统的基本功能。
   - 组织用户进行系统测试，收集反馈并优化系统配置。
5. 系统上线与支持
   - 完成系统上线前的最终检查，确保系统运行稳定。
   - 提供上线后的技术支持，解决用户使用过程中遇到的问题。

三、出现问题

1. 数据迁移异常
   - 在数据迁移过程中，部分历史数据因格式不兼容导致导入失败。
   - **解决方案**：编写数据清洗脚本，对异常数据进行处理后重新导入。
2. 用户权限配置问题
   - 初期权限配置过于复杂，导致部分用户无法正常操作系统。
   - **解决方案**：简化权限配置逻辑，并与 B 公司 IT 部门重新确认权限分配方案。
3. 系统性能瓶颈
   - 在测试阶段，系统在高并发情况下出现响应缓慢的问题。
   - **解决方案**：优化数据库查询语句，增加服务器资源，提升系统性能。

四、任务总结

1. 成果
   - 成功完成 ERP 系统的部署与上线，系统运行稳定，满足 B 公司的业务需求。

- 通过数据迁移与验证，确保了数据的完整性和准确性。
- 用户培训效果良好，B 公司员工已能够熟练操作系统。

2. 经验与改进
   - 在项目初期应更深入地了解客户需求，避免后期频繁调整配置。
   - 数据迁移前需做好充分的数据清洗与验证工作，减少迁移过程中的问题。
   - 系统性能测试应尽早进行，以便及时发现并解决性能瓶颈。

3. 后续计划
   - 继续为 B 公司提供技术支持，确保系统稳定运行。
   - 根据 B 公司业务发展需求，逐步优化系统功能，提升用户体验。

总结人：张三
职位：技术工程师
联系方式：123-4567-890
邮箱：zhangsan@company.com

希望这份总结能清晰反映项目情况！如需调整，请随时告知。

第6章
求职领域，精准谋职

6.1 个人简历

在竞争激烈的求职市场中，一份出色的简历是打开理想工作大门的钥匙，可以利用 DeepSeek 根据个人资料生成一份简历。

> ❓ 请根据以下信息创作一份个人简历模板。
> 张三，男，24 岁，ZS 大学哲学系本科毕业，擅长写作、演讲，在校期间做过院学生会主席。希望找到一份报社编辑工作。

个人简历

基本信息
- 姓名：张三
- 性别：男
- 年龄：24 岁
- 联系方式：电话 138-××××-×××× | 邮箱 zhangsan@example.com
- 地址：××省××市××区×××街道

求职意向
- 目标职位：报社编辑
- 职业愿景：结合哲学思维与写作专长，深度挖掘新闻价值，传递有温度、有深度的内容。

教育背景
- 学校：ZS 大学
- 专业：哲学系
- 学历：本科

- 时间：20××年9月—20××年6月
- 主修课程：逻辑学、伦理学、西方哲学史、中国哲学史、新闻写作与评论
- 荣誉奖项：校级优秀毕业生、哲学系学术论文一等奖

核心技能
1. **写作能力**：擅长撰写深度文章、评论及新闻报道，文字风格严谨且富有感染力。
2. **演讲与表达**：具备出色的公众演讲能力，曾多次在校内外演讲比赛中获奖。
3. **逻辑思维**：哲学专业背景赋予强大的逻辑分析与批判性思维能力。
4. **团队协作**：学生会主席经历锻炼了优秀的组织协调与团队管理能力。
5. **工具掌握**：熟练使用 Word、Excel、PowerPoint 等办公软件，熟悉用 Markdown 排版。

实践经历
1. 院学生会主席
   - 时间：20××年9月—20××年6月
   - 职责：
     - 统筹学生会日常工作，策划并组织大型校园活动（如哲学论坛、辩论赛等）。
     - 协调各部门工作，提升团队效率，增强学生会影响力。
     - 撰写活动总结与宣传稿件，提升活动传播效果。
2. 校报编辑（实习）
   - 时间：20××年7月—20××年9月
   - 职责：
     - 负责新闻选题策划、稿件编辑与校对。
     - 撰写深度评论文章，探讨社会热点问题。
     - 协助排版设计，提升报纸视觉效果。
3. 哲学社团创始人
   - 时间：20××年3月—20××年6月
   - 职责：
     - 发起并组建哲学社团，吸引50+成员加入。
     - 定期组织读书会与哲学沙龙，激发成员思辨能力。
     - 撰写社团活动总结与宣传文案，提升社团知名度。

作品展示
1. **深度评论文章**：《技术与人文：现代社会的双重困境》
   - 发表于校报，探讨科技发展对人文精神的影响。
2. **新闻报道**：《校园哲学论坛：青年学子的思想盛宴》
   - 报道校内哲学论坛盛况，展现青年学子的思辨风采。
3. **演讲文稿**：《逻辑的力量：如何在信息洪流中保持清醒》
   - 在校级演讲比赛中获得一等奖。

自我评价
- **哲学思维**：善于从多角度分析问题，具备深刻的洞察力与批判性思维。
- **写作专长**：文字功底扎实，擅长撰写深度文章与评论，风格严谨且富有感染力。
- **领导力**：学生会主席经历培养了优秀的组织协调与团队管理能力。
- **责任心强**：对待工作认真负责，注重细节，追求卓越。

附加信息
- **兴趣爱好**：阅读哲学经典、写作、辩论、跑步
- **语言能力**：普通话（母语）、英语（CET-6）

期待加入贵报社，以文字传递思想，以新闻记录时代！

　　DeepSeek 也可以是一位经验丰富的简历优化大师，能助力求职者打造吸睛简历。比如，小李是一名应届毕业生，他在准备应聘新媒体运营岗位时，将自己的基本信息、实习经历、校园活动等内容输入 DeepSeek，并向它提出需求："帮我根据新媒体运营岗位的要求，优化这份简历，突出我的相关能力和优势。"DeepSeek 迅速给出了反馈，不仅纠正了简历中的语法错误，还重新组织了语言，使其更加专业和精炼。它还建议小李将在校园新媒体社团负责的一次线上活动详细展开描述，突出活动的策划过程、采取的推广手段以及最终取得的成果，如活动参与人数、粉丝增长数量等。经过 DeepSeek 优化后的简历，成功帮助小李获得了多家公司的面试邀请。

> 选取一个 Word 版个人简历。案例如图 6-1 所示。将简历上传到 DeepSeek 中，输入"请优化这份简历，突出云计算运维方面能力"。

个人简历

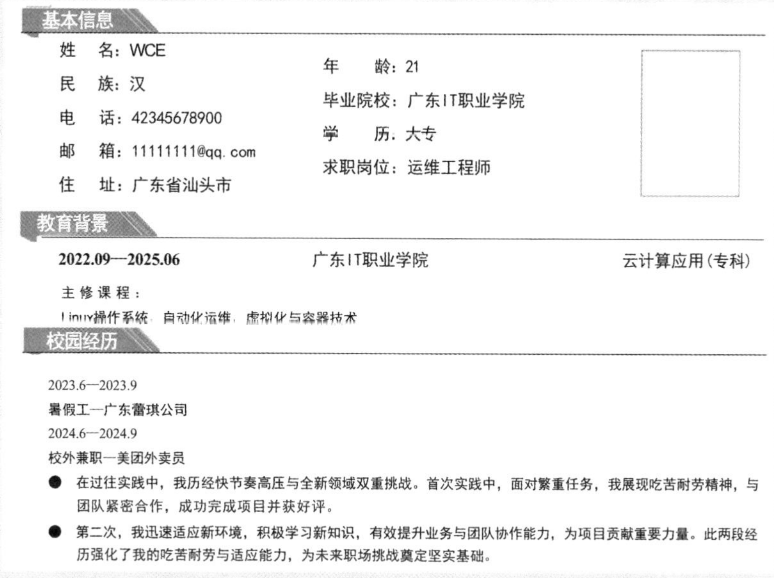

基本信息

姓　名：WCE	年　龄：21
民　族：汉	毕业院校：广东IT职业学院
电　话：42345678900	学　历：大专
邮　箱：11111111@qq.com	求职岗位：运维工程师
住　址：广东省汕头市	

教育背景

| 2022.09—2025.06 | 广东IT职业学院 | 云计算应用(专科) |

主修课程：Linux操作系统、自动化运维、虚拟化与容器技术

校园经历

2023.6—2023.9
暑假工—广东蕾琪公司
2024.6—2024.9
校外兼职—美团外卖员

● 在过往实践中，我历经快节奏高压与全新领域双重挑战。首次实践中，面对繁重任务，我展现吃苦耐劳精神，与团队紧密合作，成功完成项目并获好评。

● 第二次，我迅速适应新环境，积极学习新知识，有效提升业务与团队协作能力，为项目贡献重要力量。此两段经历强化了我的吃苦耐劳与适应能力，为未来职场挑战奠定坚实基础。

图 6-1（一）　个人简历案例

```
专业技能
    技术技能：Linux系统基础操作、Windows系统基础操作、CDR画图工具、PS
    软技能：有较强的团队合作、沟通、解决问题的能力
    兴趣爱好：游泳、音乐、游戏
项目经历
    2024.04—2024.06            K8s 私有云平台搭建           总负责人
    项目内容：
    搭建 kubernetes 和 Docker 技术构建的高效容器化环境
    工作内容：
    1. 虚拟机环境的配置：使用VM 虚拟化技术搭建多台虚拟机
    2. 内存和防火墙配置：按照手册放宽权限以便虚拟机的连接
    3. 初始化 kubernetes 集群：更好的利用容器技术来管理部署应用程序
    4. 虚拟机集群连接：通过网络插件将多台虚拟机连接
    5. K8s 平台的验收与测试：确保云平台能够正常运行
    项目成果：
    熟悉云平台的架构，了解Linux相关命令、Docker 容器的使用、kubernetes 技术的安装与配置
自我评价
 ● 在校期间积极参与社团外联活动，具备良好的沟通协调能力和团队合作精神，能够快速与不同人群建立有效联
   系与合作，适应客户代表的工作节奏与要求。
 ● 拥有较强的学习能力和适应能力，能迅速掌握新的技能知识和技巧，始终保持对新知识、新技术的学习和探索
   热情，确保为客户提供专业、准确的服务支持。
 ● 性格乐观开朗，亲和力强，能够有效倾听客户需求，善于换位思考，始终以客户满意为服务宗旨，具备较强的
   客户问题解决能力和客户关系维护能力。
 ● 抗压能力强，面对复杂多变的客户需求和紧张的业务压力，始终能保持积极的心态，有条不紊地推进工作，确
   保任务目标的顺利达成。
```

图 6-1（二）　个人简历案例

基本信息
- 姓名：WCE
- 民族：汉
- 电话：12345678900
- 邮箱：111111111@qq.com
- 住址：广东省汕头市
- 年龄：21
- 求职岗位：云计算运维工程师

教育背景
- 学校：广东 IT 职业学院
- 专业：云计算应用
- 学历：大专
- 时间：2022 年 9 月—2025 年 6 月
- 主修课程：Linux 操作系统、自动化运维、虚拟化与容器技术、云计算基础、网络与安全

专业技能
1. 技术技能
   - 操作系统：熟练使用 Linux（Ubuntu、CentOS）系统和 Windows 系统，掌握常用命令与脚本编写。
   - 虚拟化与容器：熟悉 Docker 容器技术，具备 Kubernetes 集群搭建与管理经验。

- 云平台：了解 AWS、阿里云等主流云服务平台的基本操作与配置。
- 自动化运维：掌握 Ansible、Shell 脚本编写，能够实现自动化部署与运维任务。
- 网络与安全：熟悉 TCP/IP 协议、防火墙配置及网络安全基础知识。

2. 软技能
- 具备较强的团队协作能力，能够高效沟通并解决问题。
- 快速学习新技术，适应高强度工作环境。

项目经历

1. Kubernetes 私有云平台搭建
   - 时间：2024 年 4 月—2024 年 6 月
   - 角色：总负责人
   - 项目内容：
     - 使用 Kubernetes 和 Docker 技术构建高效容器化环境。
     - 配置虚拟机环境，搭建多台虚拟机并优化内存与防火墙设置。
     - 初始化 Kubernetes 集群，部署网络插件实现虚拟机集群连接。
     - 完成平台的验收与测试，确保云平台稳定运行。
   - 项目成果：
     - 熟悉云平台架构，掌握 Linux 命令、Docker 容器使用及 Kubernetes 配置。
     - 提升了对容器化技术及自动化运维的理解与实践能力。

2. 自动化运维脚本开发
   - 时间：2024 年 3 月—2024 年 4 月
   - 角色：开发者
   - 项目内容：
     - 使用 Shell 脚本编写自动化部署脚本，简化应用部署流程。
     - 使用 Ansible 实现多服务器批量配置与管理。
   - 项目成果：
     - 提升运维效率，减少人工操作错误率。
     - 掌握自动化运维工具的使用与优化技巧。

实践经历

1. 暑假工—广东蕾琪公司
   - 时间：2023 年 6 月—2023 年 9 月
   - 职责：
     - 协助 IT 部门进行服务器维护与网络管理。
     - 参与公司内部系统的日常运维工作，解决技术问题。

2. 校外兼职—美团外卖员
   - 时间：2024 年 6 月—2024 年 9 月
   - 职责：
     - 在快节奏工作中锻炼了时间管理与抗压能力。
     - 提升了对客户需求的敏感度与服务意识。

自我评价

- 技术能力：具备扎实的云计算与运维技术基础，熟悉 Linux、Docker、Kubernetes 等工具，能够独立完成云平台搭建与运维任务。
- 学习能力：始终保持对新技术的探索热情，能够快速掌握并应用新知识。

- 团队协作：在校期间积极参与社团活动，具备良好的沟通与协调能力，能够高效融入团队并推动项目进展。
- 抗压能力：在快节奏的实践与兼职中锻炼了强大的抗压能力，能够在复杂环境中保持高效工作。

兴趣爱好

- 游泳、音乐、游戏

期待加入贵公司，以技术赋能业务，助力企业数字化转型！

6.2 招聘启事

对于企业来说，发布一份精准、吸引人的招聘启事是吸引优秀人才的第一步。过去，招聘人员往往需要花费大量时间和精力撰写招聘启事，而且效果还不一定理想。现在，有了 DeepSeek 的助力，这一过程变得轻松又高效。例如，一家互联网科技公司要招聘 Java 开发工程师，招聘负责人在 DeepSeek 中输入职位名称、职责要求、任职资格等关键信息，然后请求它生成招聘启事。DeepSeek 很快就给出了一份内容丰富、条理清晰的招聘启事，不仅准确阐述了岗位的核心职责，如"负责公司 Java 项目的开发与维护，参与系统架构设计"，还详细列出了技能要求，像"熟练掌握 Java 语言，熟悉常用的开发框架如 Spring Boot、MyBatis 等"。

> 我想招聘 3 名 Java 工程师，请结合这个岗位的技术要求，生成招聘启事。

以下是为 Java 工程师岗位设计的招聘启事模板，结合常见技术要求及岗位职责，您可根据企业实际情况调整内容：

Java 工程师招聘启事

公司名称：×××科技有限公司
招聘岗位：Java 工程师（全职，3 人）
工作地点：[城市]
薪资范围：15000～30000 元/月（能力优秀者面议）

岗位职责：

1. 负责公司核心业务系统的设计、开发与迭代优化；
2. 参与微服务架构设计与高并发场景解决方案制定；
3. 编写高质量代码，完成模块开发、单元测试及技术文档编写；
4. 分析并解决系统性能瓶颈，保障系统稳定性与可扩展性；
5. 参与代码评审，推动团队技术规范落地；
6. 跟踪前沿技术，推进技术创新与落地实践。

技术要求：

1. 必备技能

- 3 年以上 Java 开发经验，扎实的 JVM、多线程、集合框架基础。
- 精通 Spring Boot/Spring Cloud 微服务架构，熟悉 Dubbo 框架。
- 熟练使用 MySQL/PostgreSQL 等关系型数据库，掌握索引优化及分库分表方案。
- 熟悉 Redis/Memcached 等缓存技术，了解分布式锁实现原理。
- 掌握 RocketMQ/Kafka 等消息中间件应用场景。
- 熟悉分布式系统设计（CAP 理论、熔断降级、分布式事务）。

2. 加分项

- 有高并发、大数据量系统开发经验。
- 熟悉 Elasticsearch、MongoDB 等 NoSQL 数据库。
- 了解 Docker/Kubernetes 容器化技术及 CI/CD 流程。
- 具备 AWS/Aliyun 等云平台开发经验。
- 熟悉常用设计模式及代码重构技巧。

3. 工具链要求

- 熟练使用 Git/Maven/Jenkins 等开发运维工具。
- 掌握 Linux 系统基础操作及 Shell 脚本编写。

任职要求：

- 统招本科及以上学历，计算机相关专业优先
- 具备良好的编码规范意识和文档编写能力
- 逻辑清晰，能独立分析解决问题，有技术钻研精神
- 良好的团队协作能力，适应敏捷开发流程

我们提供：

- ☑ 有竞争力的薪资+年终奖+项目奖金
- ☑ 五险一金+年度体检+带薪年假
- ☑ 技术大牛带教+定期技术培训
- ☑ 扁平化管理+弹性工作制
- ☑ [根据公司特色补充其他福利]

应聘方式：

请将简历发送至 hr@xxx.com，邮件标题格式："Java 工程师-姓名-工作经验"
通过初筛者将在 3 个工作日内收到面试邀约

附：技术笔试说明

初试将包含：

1. 在线编程题（LeetCode 中等难度）
2. 系统设计题（如设计秒杀系统）
3. 技术原理问答（JVM/分布式相关）

企业价值观：[根据公司文化补充，如"用技术创造价值，与开发者共同成长"]

撰写建议：
1. 在"我们提供"板块突出差异化优势（如技术影响力/专利数量/客户规模）。
2. 若面向应届生招聘，需单独注明技术要求调整项。
3. 可补充团队技术栈（如当前使用 Spring Cloud Alibaba 体系）。
4. 建议附上技术团队规模及业务方向（如电商/金融科技/AI 平台）。

是否需要进一步优化特定板块内容？

6.3 面试题库

面试是招聘过程中的关键环节，一套科学合理的面试题库能够帮助企业更好地筛选出合适的人才。DeepSeek 可以根据不同岗位的要求，生成针对性强的面试题库。以产品经理岗位为例，DeepSeek 生成的面试题可能包括："请分享一个你负责过的产品项目，从需求调研到上线的整个过程，你遇到的最大挑战是什么，是如何解决的？""如果你的产品用户量出现下滑，你会从哪些方面进行分析和改进？"对于技术岗位，如软件开发工程师，会有"请描述一下你对多线程编程的理解，并举例说明在实际项目中的应用""如何优化数据库查询性能？"等问题。这些面试题涵盖了岗位所需的专业知识、项目经验、问题解决能力等多个方面，为面试官提供了全面考察候选人的有效工具。

> 我想应聘算法工程师岗位，请整理一下这个岗位常见的 10 道面试题，并给出简单的答案。

以下是算法工程师岗位常见的 10 道面试题及简要答案：

1. 反转链表
   - 问题：如何反转一个单链表？
   - 答案：使用三个指针（prev、current、next），遍历链表并逐个反转节点指向。
2. 两数之和
   - 问题：给定一个整数数组和一个目标值，找出数组中两数之和等于目标值的索引。
   - 答案：使用哈希表存储数组元素及其索引，遍历时检查目标值与当前元素的差是否在哈希表中。
3. 二叉树的最大深度
   - 问题：如何计算二叉树的最大深度？
   - 答案：递归计算左右子树的深度，取较大值加 1。
4. 合并两个有序数组
   - 问题：如何合并两个有序数组？
   - 答案：使用双指针，从后向前遍历并合并。
5. 最长公共子序列
   - 问题：如何找到两个字符串的最长公共子序列？
   - 答案：使用动态规划，构建二维数组记录子问题的解。

6. 字符串中的第一个唯一字符
    - 问题：如何找到字符串中第一个不重复的字符？
    - 答案：使用哈希表记录字符出现次数，遍历字符串找到第一个次数为 1 的字符。
7. 有效的括号
    - 问题：如何判断字符串中的括号是否有效？
    - 答案：使用栈，遍历字符串，匹配括号并弹出栈顶元素。
8. 寻找数组中的第 K 大元素
    - 问题：如何找到数组中的第 K 大元素？
    - 答案：使用快速选择算法或最小堆。
9. 二叉树的层序遍历
    - 问题：如何实现二叉树的层序遍历？
    - 答案：使用队列，逐层遍历并记录节点值。
10. 最长递增子序列
    - 问题：如何找到数组中最长的递增子序列？
    - 答案：使用动态规划或二分查找优化。

总结：这些问题涵盖了算法工程师面试中的常见题型，掌握这些题目有助于提升面试表现。建议深入理解并练习相关算法和数据结构。

如果你有更多问题，欢迎继续提问！

第7章
营销电商，创意驱动

7.1 直播文案

直播带货如今十分火爆，而吸引人的直播文案是促成观众下单的关键。DeepSeek 在创作直播文案方面有着独特的技巧。以美妆直播为例，主播想要推广一款新口红，在 DeepSeek 中输入口红的品牌、色号、质地、显色度、持久度等特点，以及目标受众等信息，请求生成直播文案。DeepSeek 生成的文案可能是："宝子们，今天给大家带来一款超绝的口红！它是 [品牌名]的[色号]，这个颜色简直是'黄皮亲妈'，涂上瞬间显白三个度。丝绒质地，上嘴超级顺滑，一点也不拔干。而且它的显色度超高，轻轻一抹，色彩立马就展现出来了。最重要的是，它的持久度超厉害，一整天下来都不掉色，吃饭喝水都不怕。还在等什么，赶紧冲！"这样生动、有感染力的文案，能够有效激发观众的购买欲望。再如食品直播，推广一款坚果，DeepSeek 生成的文案可以是："家人们，这款坚果真的绝了！每一颗都颗粒饱满，经过精心烘焙，口感酥脆。它富含多种营养，像蛋白质、维生素、不饱和脂肪酸等，是健康又美味的零食。无论是当早餐搭配牛奶，还是下午茶解馋，都非常合适。现在直播间还有优惠活动，买三送一，赶快下单吧！"

> ❓ 请以国产 A 公司眉笔为题，写一个直播文案，要风趣幽默，有互动感。

> 💬 直播文案：国产 A 公司眉笔专场
>
> 标题：✨【"手残党"福音！A 公司眉笔拯救你的眉毛】✨

开场白：

大家好！欢迎来到 A 公司眉笔专场！我是你们的老朋友【主播名字】，今天咱们不聊别的，就聊怎么让你的眉毛从"毛毛虫"变身"女神眉"！👀

有没有小伙伴跟我一样，每天早上画眉就像在玩"运气大转盘"？左边画完像李逵，右边画完像张飞？别急，今天 A 公司眉笔来了，"手残党"的春天到了！✨

产品介绍：

1. 超细笔头，精准勾勒
   - 这款眉笔的笔头细到让你怀疑人生！0.5mm 极细笔头，轻松画出根根分明的眉毛，再也不用担心画成"蜡笔小新"了！
   - 来，跟我一起念："细！细！细！细到没朋友！"
2. 防水防汗，持久不脱妆
   - 夏天出汗不怕，冬天蹭脸不怕，A 公司眉笔就是你的"定海神针"！游泳、健身、吃火锅，眉毛依然坚挺！
   - 不信？来，咱们现场泼水测试！（假装泼水）看，眉毛还在！
3. 三色可选，百搭妆容
   - 自然棕、气质灰、温柔咖，三种颜色任你选！不管你是黑发、棕发还是奶奶灰，总有一款适合你！
   - 来，评论区告诉我，你是什么发色？我帮你选颜色！

互动环节：

1. 画眉挑战
   - 咱们来个现场画眉挑战！"手残党"们准备好了吗？拿起 A 公司眉笔，跟我一起画！画完记得拍照发评论区，我会抽 3 位幸运小伙伴送出 A 公司眉笔一支！
2. 眉毛小知识
   - 你知道眉毛画得好，颜值能提升 50%吗？来，评论区告诉我，你画眉最崩溃的瞬间是什么？是画不对称，还是总画成"八字眉"？
3. 限时优惠
   - 今天直播间专属福利！原价 99 元的 A 公司眉笔，现在只要 59 元！还买一送一！没错，买一支送一支，手慢无！
   - 来，倒计时 3 秒，准备好抢！3、2、1，上链接！

结尾：

好了，今天的 A 公司眉笔专场就到这里啦！还没下单的小伙伴抓紧时间，错过今天，你可能又要顶着"毛毛虫"出门了！😂

记得关注我，下次直播还有更多好物等着你！拜拜啦，爱你们！💗

直播结束语：

✨【A 公司眉笔，让你从"手残党"变身"画眉大师"！】✨

希望这个文案能让你的直播充满趣味和互动感！如果有需要调整的地方，随时告诉我哦！

7.2 视频文案

在短视频时代，有趣、有吸引力的视频文案能够吸引大量流量。利用 DeepSeek 可以轻松构思出各种风格的视频文案。比如，制作一个科技产品介绍视频，在 DeepSeek 中输入产品的功能特点、创新之处及目标用户群体等信息，它可能生成这样的文案："你还在为手机续航不足而烦恼吗？今天给大家带来一款黑科技充电宝！它拥有[容量]的超大电量，能为你的手机充电多次。而且它体积小巧，方便携带，放在口袋或包包里都不占空间。独特的快充技术，让你的手机在短时间内就能充满电。不管你是在出差、旅行还是日常中使用，它都是你的最佳伴侣。快来一起体验这款神奇的充电宝吧！"再如制作一个生活类短视频，主题是分享居家收纳技巧，DeepSeek 生成的文案可以是："家人们，是不是总觉得家里乱糟糟的，东西没地方放？今天就来给大家分享几个超实用的居家收纳技巧。首先，利用床下空间，放上收纳箱，可以存放换季衣物和被子。然后，在墙上安装置物架，把常用的小物件都挂起来，既方便拿取又节省空间。还有，用收纳盒对抽屉进行分区，让文具、餐具等井井有条。学会这些技巧，让你的家瞬间变得整洁又温馨。快来试试吧！"

> ❓ 请以 O 牌手机为主题，写一个宣传视频文案，500 字以内。

O 牌手机宣传视频文案

画面：清晨的阳光洒在城市街道上，一位年轻人拿起 O 牌手机，开启全新一天。
旁白：
"每一天，都是新的开始。而你的每一刻，都值得被记录。"

画面：快速切换场景——咖啡馆、地铁、办公室、公园，年轻人用 O 牌手机拍照、听音乐、处理工作、与朋友视频通话。
旁白：
"O 牌，懂你的生活，更懂你的需求。"

画面：特写镜头展示 O 牌手机的精致外观，轻薄机身、绚丽色彩、流畅屏幕。
旁白：
"惊艳设计，一见倾心。轻薄手感，舒适握持。O 牌，让你的每一次触碰都充满愉悦。"

画面：年轻人用 O 牌手机拍摄夜景，画面清晰明亮；快速滑动屏幕，操作流畅无卡顿；充电瞬间，电量飞速增长。
旁白：
"超清影像，捕捉每一份美好；强悍性能，畅享每一秒流畅；超级闪充，瞬间满血复活。"

画面：年轻人与朋友分享用 O 牌手机拍摄的照片和视频，大家欢笑连连。
旁白：
"O 牌，不仅是手机，更是你记录生活、分享快乐的伙伴。"

画面： 年轻人站在城市高处，手握 O 牌手机，眺望远方，眼神坚定。

旁白：
"未来，由你掌控。O 牌，与你一起，探索无限可能。"

结尾：
品牌 Logo 与标语浮现："O 牌——让科技更懂你。"

画面淡出，视频结束。

简洁明了，突出 O 牌手机的核心卖点，同时传递出品牌温度与用户情感共鸣。希望这个文案符合你的需求！

7.3　营销策划方案

营销策划方案对于企业推广产品、提升品牌知名度至关重要。DeepSeek 协助生成营销策划方案的步骤清晰且实用。以一家新开业的奶茶店为例，在 DeepSeek 中输入奶茶店的定位（如主打年轻时尚、性价比高）、产品特色（如独特的口味、新鲜的原料）、目标市场（周边学校、写字楼的年轻群体）等信息，请求生成营销策划方案。DeepSeek 首先会进行市场分析，指出周边竞争对手的情况以及目标客户的需求特点。接着，提出产品策略，强调突出奶茶的独特口味和新鲜原料，打造几款特色招牌奶茶。在价格策略上，建议推出开业优惠套餐，如买一送一、第二杯半价等吸引顾客。在促销策略上，提出在社交媒体平台上进行宣传推广，发布精美的产品图片和短视频，吸引用户关注并分享；在学校、写字楼附近发放传单，吸引潜在客户。同时，还规划了线下活动，如开业当天举办抽奖活动，增加人气。整个策划方案内容丰富、逻辑清晰，为奶茶店的成功开业提供了有力指导。

> 我是希望在大学城内开一家奶茶店，面积 20 平方米左右，请写一份策划方案。

大学城内奶茶店策划方案

项目名称： 大学城奶茶店
项目地点： 大学城内
店铺面积： 20 平方米
目标客户： 大学生、学校教职工及周边年轻人群

一、市场分析

1. **目标市场：**
   - 大学城内学生群体庞大，消费能力强，尤其对奶茶等饮品需求旺盛。

- 年轻人追求时尚、个性化消费，奶茶作为社交饮品，具有高频消费特点。
2. 竞争分析：
   - 大学城内已有若干家奶茶店，同质化严重，缺乏特色。
   - 通过差异化定位（如健康奶茶、定制化服务）可脱颖而出。
3. 消费习惯：
   - 学生偏好高性价比、口感好、颜值高的饮品。
   - 外卖需求旺盛，需注重线上渠道布局。

二、店铺定位

1. 品牌名称：
   - 名称建议：如"茶语时光""奶香校园"等，突出青春、时尚、温馨感。
2. 产品定位：
   - 主打健康奶茶：使用鲜奶、果糖、新鲜水果等原料，迎合健康消费趋势。
   - 特色产品：推出季节限定款、校园定制款（如"学霸奶茶""考试必过茶"）。
   - 价格区间：10～20元，符合学生消费水平。
3. 店铺风格：
   - 装修风格：简约清新，以明亮色彩为主，搭配绿植、文艺装饰，营造舒适氛围。
   - 功能分区：设置少量座位（2～3张小桌），以外带和外送为主。

三、运营计划

1. 产品规划：
   - 核心产品：经典奶茶、果茶、芝士茶等。
   - 辅助产品：小吃（如鸡蛋仔、薯条）、甜品（如布丁、蛋糕）。
   - 定期推出新品，保持顾客新鲜感。
2. 价格策略：
   - 采用"高性价比+会员制"模式，吸引学生群体。
   - 推出套餐优惠（如"奶茶+小吃"组合），提升客单价。
3. 促销活动：
   - 开业活动：买一送一、转发朋友圈享折扣等，快速吸引客流。
   - 日常活动：每周特价日、会员积分兑换、节日限定款等。
4. 渠道布局：
   - 线下：以外带为主，设置快速点单窗口，减少排队时间。
   - 线上：入驻外卖平台（如美团、饿了么），提供满减优惠，提升线上销量。

四、人员配置

1. 店员：
   - 2～3人，负责点单、制作、清洁等工作。
2. 培训：
   - 产品制作标准化，确保口感一致。
   - 服务态度培训，提升顾客体验。

五、财务预算

1. 前期投入：
   - 装修费用：约2万元（简约风格）。
   - 设备费用：约3万元（奶茶机、冰箱、封口机等）。

- 首批原料：约 1 万元。
- 其他费用：约 1 万元（执照办理、宣传费用等）。
- 总计：约 7 万元。

2. 运营成本：
- 每月租金：约 5000 元（根据大学城实际租金）。
- 每月原料成本：约 1 万元。
- 每月人工成本：约 1.2 万元（3 名店员）。
- 其他费用：约 3000 元（水电、杂费等）。
- 总计：约 3 万元/月。

3. 盈利预估：
- 日均销量 100 杯，均价 15 元，日收入 1500 元，月收入 4.5 万元。
- 月利润约 1.5 万元。

六、风险控制

1. 市场竞争：
通过差异化产品和优质服务建立品牌忠诚度。

2. 原料供应：
选择稳定供应商，确保原料质量和价格稳定。

3. 季节性波动：
冬季推出热饮、暖食，平衡淡旺季销量。

七、总结

大学城奶茶店项目具有较高的市场潜力，通过精准定位、差异化产品和高效运营，能够在竞争激烈的市场中脱颖而出，实现稳定盈利。

希望这份策划方案对您有所帮助！如需调整或补充，请随时告知！

7.4 广告片文案

广告片文案是吸引消费者注意力、传达产品信息的重要手段。DeepSeek 创作富有创意广告片文案的能力令人赞叹。比如，为一款汽车拍摄广告片，在 DeepSeek 中输入汽车的品牌理念（如追求自由、探索未知）、车型特点（如外观时尚、动力强劲、智能配置高）等信息，它可能生成这样的文案："在城市的喧嚣中，你是否渴望一场自由的冒险？[汽车品牌名]全新[车型名]，为你而来。时尚动感的外观设计，每一处线条都彰显着独特的魅力，让你成为街头的焦点。强劲的动力系统，带你冲破束缚，尽情驰骋。智能科技配置，如自动驾驶辅助、智能互联系统，让你的驾驶之旅更加便捷、安全。和[汽车品牌名][车型名]一起，开启探索未知的征程，释放内心的激情！"再如为一款护肤品创作广告片文案，DeepSeek 生成的文案可能是："岁月流转，肌肤渴望被温柔呵护。[护肤品品牌名]全新[产品名]，蕴含珍稀植物精华，深入肌肤底层，滋养、修复、焕亮肌肤。它的质地轻盈细腻，易吸收，不油腻,让你的肌肤时刻保持水润光泽。告别干燥、暗沉、细纹,选择 [护肤品品牌名][产品名],开启肌肤的逆龄之旅,绽放自信光彩。"

> 请为 A 手机写一个广告片文案,全面展示 A 公司最新手机。

A 手机 2025 旗舰广告片文案《未来,触手可及》
[背景音乐:渐进的电子音效,充满未来感与力量感]

旁白(沉稳而富有激情的男声):
"在这个瞬息万变的时代,科技不应是冰冷的符号,而是照亮生活的光。A 手机,以极致创新,重新定义未来。"
[画面:黑暗中,一道光线划破天际,手机轮廓逐渐显现]
字幕:
"极致性能,为热爱加速"
- ××处理器,××mAh 超大电池,××疾速闪充。
- 无论是游戏激战,还是长途差旅,始终快人一步。
[镜头:玩家手持手机酣战,电量从 0% 飙升至满格的动态画面]

旁白:
"探索,是刻在基因里的信仰。这一次,我们用影像丈量世界的每一寸精彩。"
[画面:手机镜头缓缓聚焦,山川、星空、人像逐一呈现]
字幕:
"一英寸大底,××亿像素超感光"
- ××主摄像头+××长焦,捕捉暗夜星光,定格瞬息万变。
[镜头:摄影师用手机拍摄极光,画面放大后细节清晰如画]

旁白:
"科技与艺术的交融,从不止于参数。"
[画面:手机四曲面屏幕如水流般延展,指尖轻触泛起涟漪]
字幕:
"全等深四曲屏,2K 视界新篇章"
- ××屏幕,××Hz 自适应刷新率,护眼模式全天守护。
[镜头:用户在地铁上追剧,屏幕色彩鲜活,画面丝滑流畅]

旁白(语调渐暖):
"一部手机,一个生态,亿万种生活的可能。"
[画面:手机轻触唤醒智能家居,灯光、空调、汽车联动响应]
字幕:
"智能生态,无缝连接"
- 与汽车互联,一键开启智慧出行;联动全屋设备,生活更从容。
[镜头:家庭场景中,语音控制家电,汽车自动泊车]

旁白(坚定而充满希望):
"我们相信,科技的价值在于让每个人都能触碰未来。A 手机,为极致而生,为热爱而战。"

[画面：不同年龄、职业的用户手持手机，笑容灿烂]
字幕：
（公司品牌理念）
[结尾定格：手机背面镌刻"探索·无限"字样，渐隐为 A 手机 Logo]

创意解析与核心策略：
1. 情感共鸣与科技温度：
延续公司的初心，结合公司的品牌理念，强调科技普惠性。
2. 卖点分层递进：
从性能、影像、屏幕到生态，层层深入，覆盖用户核心需求，同时突出 2025 年"全场景互联"的创新突破。
3. 视觉语言强化记忆：
通过高速动态画面、微观细节放大等手法，直观传递产品优势，避免参数堆砌的枯燥感。
4. 生态联动叙事：
融入智能家居与汽车场景，提升品牌科技高度。
注： 此文案可适配 30~60 秒广告片，建议搭配实拍与 CG 特效结合，强化科技感与沉浸体验。更多经典文案策略可参考公司历年创意案例。

7.5 自媒体文案

自媒体的发展为创作者提供了广阔的平台，而 DeepSeek 能够根据自媒体定位创作吸粉文案。例如，一个专注于美食分享的自媒体账号，在 DeepSeek 中输入账号的定位（分享家常美食、简单易做）、目标受众（上班族、家庭主妇等）以及近期要分享的菜品（如红烧肉）等信息，请求生成文案。DeepSeek 生成的文案可能是："打工人的福音来啦！今天给大家分享一道超级下饭的家常红烧肉。做法超简单，新手也能轻松上手。首先，准备好新鲜的五花肉，切成大小均匀的方块。然后，起锅烧油，放入葱姜蒜爆香，再加入五花肉煸炒至表面金黄。接着，加入适量的生抽、老抽、冰糖、八角、桂皮等调料，翻炒均匀后加入没过肉的清水，小火慢炖 40 分钟左右，直到肉质软烂，汤汁浓稠。这道红烧肉色泽红亮，肥而不腻，每一口都超级满足。快试试吧，让你的晚餐变得更美味！"这样的文案贴近生活，语言通俗易懂，能够吸引目标受众的关注和喜爱。通过分析热门自媒体文案案例，可以发现 DeepSeek 生成的文案往往具有很强的网感，能够抓住当下的流行元素和热点话题，与粉丝建立良好的互动。

> 请围绕"蜀锦"写一份自媒体文案，重点突出其文化价值。

自媒体文案：蜀锦——千年织就的东方瑰宝

标题：蜀锦｜穿越千年的丝绸密码，解码华夏文明的奢侈基因

【开篇：时光织就的东方传奇】

两千年前，当驼铃声在丝绸之路上回荡，商队背囊里最耀眼的不是黄金，而是一匹匹流光溢彩的蜀锦。它曾让罗马贵族痴迷，令波斯商人倾家，更在敦煌壁画中化作飞天的飘带。

它不仅仅是一块织物，而是一卷用丝线写就的华夏文明史。

【第一章：经纬之间，藏着华夏的终极审美】

✂ 0.1 毫米的野心

蜀锦的奢侈，始于一场生命的奇迹——一根蚕丝仅有头发 1/10 的细度，却要经过 20 次蜕变才能成茧。而蜀地工匠，硬是用这样的丝线织出了"方方锦""月华锦""雨丝锦"三大美学宇宙：

- 方方锦：将几何图腾织成流动的青铜器纹样。
- 月华锦：用渐变色谱复刻月光流淌的魔幻。
- 雨丝锦：让杜甫笔下"锦江春色来天地"在绸面盛放。

✂ 藏在针脚里的黑科技

汉代提花织机已能操控 10000 多根经线，比欧洲早 1200 年实现"程序化编织"。每一幅蜀锦都是一张打孔编程的"丝绸芯片"，让"五星出东方利中国"这样的千年预言在锦缎上永生。

【第二章：丝绸之路上最硬核的文化货币】

公元前 126 年，张骞在阿富汗集市惊见"蜀布"——那正是蜀锦开辟的南方秘密丝路。

它不仅是商品，更是文明对话的密语：

- 在新疆尼雅遗址，蜀锦护臂裹着精绝国王族的永生之梦。
- 在日本法隆寺，唐代蜀锦成了镇国之宝"狮狩文锦"。
- 在《红楼梦》里，晴雯补的雀金裘藏着蜀锦织金秘技。

当佛教东传，蜀锦上的莲花纹成为最早的视觉佛经；当中世纪欧洲贵族为蜀锦疯狂，他们追逐的不仅是东方美学，更是中国制造的顶级认证。

【第三章：当非遗成为未来式】

2006 年，蜀锦织造技艺入列首批国家级非遗。但真正的传承从不止于博物馆。

▪ 数字新生：在成都蜀锦织绣博物馆，10 米长的清代大花楼木织机仍在运转。年轻的 90 后"锦郎"们用抖音直播让古老技艺出圈——这才是最酷的文化谍袭。

【结语：我们为什么要守护蜀锦？】

它承载着：

🌐 中国最早的全球化基因

✎ 东方美学的源代码

⚒ 工匠精神的终极诠释

下一次当你触摸蜀锦的柔滑,请感受:
0.1 毫米蚕丝里,藏着华夏文明最坚韧的浪漫。
#非遗新势力##国潮正当时#
点击关注,解锁更多丝绸路密码

【文案亮点】
1. **时空折叠叙事**:从青铜纹样直抵元宇宙,展现非遗的跨时空对话。
2. **数据可视化**:用 0.1 毫米、10000 多根经线等数字强化工艺震撼。
3. **年轻化表达**:"丝绸芯片""文化逆袭"等概念打破传统语境。
4. **情感锚点**:通过《红楼梦》等 IP 唤醒文化共鸣。

第8章
金融投资，智慧决策

8.1 金融市场分析

在金融市场中，信息瞬息万变，及时准确地分析金融新闻与市场动态对于投资者和金融从业者至关重要。DeepSeek 就像是一位敏锐的金融分析师，能够快速解读复杂的金融新闻，挖掘其中的关键信息，并对市场趋势进行深入分析。例如，当一则关于央行利率调整的新闻发布后，投资者可以将新闻内容输入 DeepSeek，并提问："这则利率调整新闻对股市和债券市场会产生什么影响？"DeepSeek 会迅速分析新闻内容，结合历史数据和市场规律，给出详细的解读。它可能会指出，"利率下调通常会刺激股市上涨，因为企业融资成本降低，盈利预期增加；而对于债券市场，债券价格可能会上升，收益率下降。"通过这样的分析，投资者能够更好地理解市场动态，做出更明智的投资决策。再如，当市场上出现关于某家公司的重大并购新闻时，DeepSeek 可以分析该并购对公司的财务状况、市场份额以及行业竞争格局的影响，帮助投资者评估该公司的投资价值。

> ❓ 请分析自然灾害对股市的影响。

> 🔍 自然灾害对股市的影响是多维度的，涉及行业分化、经济连锁反应及市场情绪波动。以下从不同层面分析其影响机制及典型案例：
>
> **一、直接影响路径：行业冲击分化**
> 1. 受损行业：
>   - 保险板块：巨灾赔付直接冲击保险公司资产负债表。如 2011 年东日本大地震导致日本三大财险公司股价

单日暴跌。
- 交通运输：2017年哈维飓风使美国航空股下跌，休斯敦港口关闭导致能源运输成本飙升。
- 能源供应：2021年得州极寒天气致电力瘫痪，页岩油产量骤降，能源股单日波动率激增。
2. 受益行业：
- 基建重建：卡特里娜飓风后美国国会批准1060亿美元重建资金，工程机械龙头卡特彼勒3个月股价大幅上涨。
- 应急物资：2020年澳洲山火期间呼吸防护设备商Ansell股价大幅上涨。

二、间接传导机制：供应链与经济政策
1. 全球供应链中断：
- 2011年泰国洪水致全球硬盘产量减少，苹果供应链受创致当季营收指引下调。
- 日本地震导致汽车芯片供应中断，全球汽车产量季度环比下降。
2. 政策对冲效应：
- 灾后重建投资。
- 央行流动性注入。

三、市场行为特征：情绪与定价效率
1. 恐慌性抛售：
- 事件冲击引发VIX指数飙升，东日本地震后五月波动率指数暴涨。
- 板块轮动加速：灾后一周防御性板块（公用事业、医疗）超额收益高。
2. 定价修正周期：
- 短期过度反应：受创企业股价平均在灾后30~60个交易日内恢复半数以上跌幅。
- 长期资本再配置：重建周期内基建类ETF资金流入量较常态增加。

四、跨市场比较：发达与新兴市场差异
1. 市场成熟度影响：
- 发达市场灾后3个月指数修复速度比新兴市场快。
- 新兴市场外资撤离更显著。
2. 行业集中度风险：
- 单一产业主导型经济体受灾时股市波动率较多元经济体高。

五、前瞻应对策略
1. ESG因子整合：
- 灾害抵御能力强的企业（高气候适应评分）在灾后6个月可跑赢行业基准5~8个百分点。
2. 衍生品对冲：
- 巨灾债券与股指期权组合可降低组合波动率。
3. 卫星遥感数据应用：
- 利用卫星图像分析受灾程度，构建事件驱动策略，如在灾后72小时内交易可获得3%~5%超额收益。

结论. 自然灾害对资本市场的影响呈现"短期冲击—中期修复—长期结构重塑"的三阶段特征。机构投资者需建立灾害影响评估模型，将气候风险纳入资产定价因子，同时关注供应链重组带来的新产业机遇。个人投资者应避免情绪驱动交易，重点关注企业灾后恢复能力及政策受益标的。

8.2 商业计划书

商业计划书是企业发展的蓝图，一份完整、可行的商业计划书能够吸引投资者，推动企业的发展。利用DeepSeek撰写商业计划书，能够大大提高效率和质量。以一家互联网创业公司为例，创始人在 DeepSeek 中输入公司的业务模式、市场定位、产品特点、团队成员等信息，请求它生成商业计划书。DeepSeek 首先会生成一个清晰的大纲，包括执行摘要、公司概述、市场分析、产品与服务、营销策略、运营管理、财务规划、风险评估等板块。在市场分析部分，DeepSeek 会收集行业报告、市场数据等信息，详细分析市场规模、增长趋势、竞争态势等；在财务规划部分，它会根据输入的信息，预测公司未来几年的收入、成本、利润等财务指标，并生成财务报表。最终生成的商业计划书内容丰富、逻辑严谨，为创业公司吸引投资、规划发展提供了有力的支持。不同行业的计划书案例也各有特色，比如餐饮行业的商业计划书，DeepSeek 会重点关注菜品特色、选址分析、客户流量预测等；而制造业的商业计划书则会强调生产工艺、供应链管理、设备投资等方面。

> 请写一份关于无人机维修的商业计划书，要求结合国家低空经济行业发展，突出行业前景。

无人机维修商业计划书

项目名称：无人机维修服务中心
项目定位：专注于无人机维修、保养及技术支持，服务于消费级、工业级无人机用户
项目地点：中国（优先选择低空经济示范区或无人机产业集聚区）
计划周期：2024—2026 年

一、项目背景

1. 行业前景
   - **低空经济崛起**：国家"十四五"规划明确提出发展低空经济，无人机作为低空经济的重要载体，迎来快速发展期。
   - **市场规模**：2023 年中国无人机市场规模已突破千亿元，预计 2025 年将达到 1500 亿元，年均增长率超过 20%。
   - **维修需求增长**：随着无人机保有量增加，维修、保养及技术支持需求激增，市场潜力巨大。
2. 政策支持
   - 国家出台多项政策支持低空经济发展，包括开放低空空域、鼓励无人机应用等，为无人机维修行业提供良好发展环境。

二、市场分析

1. 目标市场
   - **消费级无人机用户**：如摄影爱好者、旅行达人等，维修需求集中于机身损坏、电池更换等。
   - **工业级无人机用户**：如农业植保、物流配送、电力巡检等领域，维修需求集中于核心部件维护、系统升级等。
2. 竞争分析
   - 目前无人机维修市场尚未形成龙头企业，服务标准化程度低，存在较大市场空白。
   - 通过专业化、标准化服务，可快速占领市场。

三、服务内容

1. 核心服务
   - **无人机维修**：提供机身、电机、电池、摄像头等部件的检测与维修服务。
   - **保养服务**：定期保养、清洁、校准，延长无人机使用寿命。
   - **技术支持**：提供飞行培训、故障诊断、软件升级等增值服务。
2. 延伸服务
   - **配件销售**：提供原厂及第三方配件，满足用户多样化需求。
   - **保险服务**：与保险公司合作，推出无人机损坏保险，降低用户维修成本。

四、运营模式

1. 线下服务中心
   - 在低空经济示范区或无人机产业集聚区设立维修中心，提供面对面服务。
   - 配备专业维修设备及技术人员，确保服务质量。
2. 线上服务平台
   - 开发微信小程序或 App，用户可在线预约维修、查询进度、购买配件等。
   - 提供远程技术支持，解决简单故障问题。
3. 合作模式
   - 与无人机厂商合作，成为官方授权维修点。
   - 与物流公司合作，提供上门取送机服务。

五、营销策略

1. 品牌建设
   - 打造专业化、可信赖的品牌形象，突出"快速、可靠、实惠"的服务理念。
   - 通过社交媒体、行业展会等渠道宣传品牌。
2. 用户推广
   - 针对消费级用户，推出"首次维修 8 折优惠""老用户推荐奖励"等活动。
   - 针对工业级用户，提供定制化服务方案及长期合作协议。
3. 合作伙伴
   - 与无人机培训机构、行业协会等合作，拓展客户资源。
   - 与保险公司合作，推出"维修+保险"套餐，提升用户黏性。

六、财务计划

1. 初期投资
   - 场地租赁及装修：50 万元。
   - 设备采购：30 万元。
   - 人员招聘及培训：20 万元。
   - 营销推广：10 万元。
   - **总计**：110 万元。
2. 收入预估
   - **维修服务**：平均客单价 300 元，日均服务 20 单，年收入约 216 万元。
   - **配件销售**：毛利率 30%，年收入约 100 万元。
   - **增值服务**：如培训、保险等，年收入约 50 万元。
   - **年总收入**：约 366 万元。

3. 成本预估
    - 人员工资：100 万元/年
    - 场地租金：30 万元/年
    - 设备维护及耗材：20 万元/年
    - 营销费用：20 万元/年
    - **年总成本**：约 170 万元。
4. 盈利预估
    - 年净利润：约 196 万元。
    - 投资回报周期：6~8 个月。

七、风险控制
1. 技术风险
    - 组建专业维修团队，定期培训，确保技术水平领先。
2. 市场风险
    - 多元化服务模式，降低对单一业务的依赖。
3. 政策风险
    - 密切关注低空经济政策变化，及时调整业务方向。

八、总结
无人机维修服务中心项目依托低空经济快速发展的大背景，具有广阔的市场前景和盈利潜力。通过专业化服务、标准化运营及多元化合作，有望成为行业领先的无人机维修服务商。

希望这份商业计划书对您有所帮助！如需调整或补充，请随时告知！

8.3 投资分析报告

投资分析报告是投资者进行投资决策的重要依据，它需要对投资对象进行全面、深入的分析。DeepSeek 协助生成专业投资分析报告的能力十分出色。例如，一位投资者想要对某只股票进行投资分析，他将该股票的相关信息，如公司财务报表、行业数据、市场趋势等输入 DeepSeek，并请求生成投资分析报告。DeepSeek 会从多个角度进行分析，在基本面分析中，评估公司的盈利能力、偿债能力、成长能力等；在技术分析中，分析股票的价格走势、成交量、技术指标等；在行业分析中，探讨行业的发展前景、竞争格局、政策环境等。最终生成的投资分析报告内容翔实，包含了对股票投资价值的评估和投资建议。以贵州茅台这只股票为例，DeepSeek 生成的投资分析报告可能会指出，贵州茅台作为白酒行业的龙头企业，具有强大的品牌影响力和稳定的盈利能力，财务状况良好。从技术分析来看，股价长期处于上升趋势，具有较高的投资价值，但也需要关注市场波动和行业竞争等风险。这样的报告能够帮助投资者全面了解投资对象，作出科学的投资决策。

> 假设你是一位投资人，请对一家医疗机器人公司进行投资分析，并得出是否投资的结论。

以下是对某医疗机器人公司的投资分析框架及结论建议，基于行业共性特征模拟推演（数据为虚构）：

一、行业背景分析

1. 行业趋势
   - **全球医疗机器人市场**：2023年市场规模约150亿美元，年复合增长率（Compound Amual Grouwth Rate，CAGR）超20%，手术机器人占比超50%，康复机器人增速最快（CAGR 25%+）。
   - **中国本土市场**：政策驱动明显（《中国制造2025》《"十四五"医疗装备产业发展规划》），2023年市场规模约50亿元，国产替代加速，但渗透率不足5%（美国超15%）。
   - **技术突破点**：AI+5G远程手术、柔性机器人、低成本小型化设备。
2. 核心驱动力
   - 老龄化加剧（截止到2022年底，中国60岁以上人口超2.8亿）推升慢性病及术后康复需求。
   - 医生资源短缺（中国每千人医师数2.4人，低于经济合作与发展组织国家3.5人）。
   - 医保控费压力下，机器人辅助手术可缩短住院时间、降低并发症成本。

二、标的公司分析（假设为"A公司"）

1. 产品与技术
   - **核心产品**：
     - 腹腔镜手术机器人（对标达芬奇）：已获国家药品监督管理局三类证，临床数据显示手术精度误差<0.1mm，单台成本较进口产品低40%。
     - 康复外骨骼机器人：适配脑卒中患者，已进入8省医保目录，租赁模式渗透基层医院。
   - **技术壁垒**：
     - 自主专利的力反馈算法（专利数50+），解决传统手术机器人触觉缺失痛点。
     - 与顶尖三甲医院共建数据库，AI训练样本量超10万例。
2. 商业模式
   - **设备销售**：手术机器人单价800万元（进口产品2000万元），毛利率65%。
   - **耗材订阅**：机械臂等耗材单次手术收费3000元，复购率90%。
   - **服务分成**：与医院合作开展远程手术，按单例手术收取20%服务费。
3. 财务表现（模拟数据）
   - **收入**：2023年营收2.5亿元（手术机器人1.2亿+康复机器人1亿+服务0.3亿），同比增长180%。
   - **毛利率**：68%（手术机器人70%，康复机器人60%）。
   - **现金流**：经营性现金流5000万元（研发投入占比40%），账上现金3亿元（上一轮融资后）。
4. 团队与资源
   - **创始人**：医学博士+机器人领域院士联合背景，曾主导国产首台骨科机器人研发。
   - **股东结构**：产业资本（某医疗器械集团）占股20%，政府引导基金占股10%。
   - **渠道**：覆盖300家二级以上医院，与国药控股签署独家供应链协议。

三、投资风险评估

1. 政策风险（高关注）
   - 医保覆盖进度：若手术机器人纳入按病组（DRG）控费白名单，短期可能压制医院采购意愿。
   - 中美技术摩擦：核心零部件（如高精度传感器）进口替代率不足30%。

2. 竞争风险
   - 国际巨头：直觉外科（达芬奇）在华本土化加速，2024年降价15%。
   - 国内对手：微创机器人（港股上市）腔镜机器人装机量已超100台。
3. 技术迭代风险
   - 下一代单孔手术机器人研发滞后，若竞争对手率先获批，可能丧失先发优势。
4. 商业化风险
   - 医生培训周期长（平均6个月），影响医院采购决策速度。

四、估值与回报测算
- 估值逻辑：PS（市销率）法对标行业均值（2023年医疗机器人公司PS 12—18x）。
- 当前估值：投前估值30亿元（对应2023年PS 12x），拟融资5亿元用于扩产及海外临床。
- 退出预期：若2026年科创板IPO[①]，假设PS 15x对应营收10亿元，估值150亿元（5倍回报）。

五、投资结论
建议投资，但需附加条款
1. 投资逻辑
   - 需求刚性+国产替代+高毛利耗材模式，符合医疗设备长周期赛道特征。
   - 手术机器人赛道头部效应显著，A公司技术指标已达国际准一线水平。
2. 风险对冲策略
   - 要求对赌2025年装机量超200台（当前80台），否则启动回购条款。
   - 优先投资于耗材产线建设（回报确定性高于设备销售）。
3. 条款设计
   - 董事会席位+关键决策一票否决权（如定价策略、核心团队变动）。
   - 捆绑后续融资跟投权，避免股权过度稀释。

最终决策：在估值不超过35亿元前提下，领投B轮融资，占比15%，侧重支持耗材产能扩张与美国FDA临床申请。

8.4 风险识别

金融风险无处不在，准确识别潜在的金融风险是保障金融安全的关键。DeepSeek通过强大的数据分析能力，能够对金融数据进行实时监测和深入分析，及时发现潜在的金融风险。以银行信贷业务为例，银行将客户的信用记录、贷款申请信息、还款历史等数据输入DeepSeek，DeepSeek会运用数据分析模型，对客户的信用风险进行评估。如果发现某客户的信用评分较低，还款记录存在异常，如多次逾期还款，DeepSeek会发出风险预警，提示银行该客户可能存在违约风险。再如，在金融市场交易中，DeepSeek可以实时监测股票、期货、外汇等市场的交易数据，当发现异常交易行为，如短期内大量抛售某只股票，导致

[①] IPO：Initial Public Offerings，首次公开募股。

股价异常波动时，DeepSeek 会及时识别出这种潜在的市场操纵风险，并向监管机构或投资者发出警报，帮助他们采取相应的措施，降低风险损失。

> 你是一名审计师，正在审计中国境内某上市公司 2023 年度财务报表。被审计单位 2023 年度与员工发生劳动纠纷，截至 2023 年年末，劳动仲裁裁决被审计单位赔付员工 60 万元，该裁决为终局裁决。在 2024 年 4 月 30 日财务报表报出前，被审计单位尚未进行账务处理，你该如何进行审计调整？

审计调整处理方案

背景：
被审计单位（某上市公司）在 2023 年度与员工发生劳动纠纷，劳动仲裁裁决被审计单位赔付员工 60 万元，且该裁决为终局裁决。截至 2023 年年末，被审计单位未进行账务处理。根据《企业会计准则》及相关审计准则，需进行审计调整以确保财务报表公允反映。

一、审计调整依据

1. 企业会计准则第 13 号——或有事项
   - 劳动仲裁裁决为终局裁决，表明被审计单位在 2023 年年末已存在现时义务，且金额能够可靠计量，应确认为预计负债。
2. 企业会计准则第 29 号——资产负债表日后事项
   - 劳动仲裁裁决在 2023 年年末已作出，属于资产负债表日后调整事项，需调整 2023 年度财务报表。
3. 审计准则要求
   - 审计师应确保财务报表在所有重大方面公允反映被审计单位的财务状况、经营成果和现金流量。

二、审计调整步骤

1. 确认负债
   - 在 2023 年年末，被审计单位应确认预计负债 60 万元，并相应确认费用。
   - 会计分录：
     借：管理费用——劳动纠纷赔偿 60 万元
     　　贷：预计负债——劳动纠纷赔偿 60 万元
2. 调整财务报表
   - **资产负债表**：增加"预计负债"60 万元，减少"未分配利润"60 万元。
   - **利润表**：增加"管理费用"60 万元，减少"净利润"60 万元。
3. 披露事项
   - 在财务报表附注中披露劳动纠纷的具体情况、仲裁裁决结果及预计负债的确认依据。

三、与管理层沟通

1. 沟通内容
   - 向管理层说明审计调整的必要性及依据，确保其理解并同意调整。
   - 建议管理层尽快完成账务处理，并在财务报表中如实反映。
2. 管理层声明
   - 获取管理层关于劳动纠纷及仲裁裁决的书面声明，确认其已知悉并同意审计调整。

四、审计结论

1. 调整后财务报表
   - 经审计调整后，财务报表公允反映了被审计单位 2023 年度的财务状况、经营成果和现金流量。

2. 审计意见
    - 若管理层接受审计调整，且财务报表在所有重大方面公允反映，可出具无保留意见审计报告。
    - 若管理层拒绝调整，且影响重大，需考虑出具保留意见或否定意见审计报告。

五、后续建议

1. 完善内部控制
    - 建议被审计单位加强劳动纠纷风险管理，完善相关内部控制制度。
2. 及时账务处理
    - 建议被审计单位在财务报表报出前完成账务处理，确保财务信息及时、准确。

通过上述审计调整，确保被审计单位 2023 年度财务报表的公允性和合规性。如有进一步问题，欢迎随时沟通！

8.5 投资建议与组合管理

在金融投资中，投资者往往希望获得个性化的投资建议，以实现资产的保值增值。DeepSeek 能够根据投资者的风险偏好、投资目标、资产状况等因素，提供量身定制的投资建议，并优化投资组合。例如，一位稳健型投资者，希望在保证资产安全的前提下获得一定的收益。他将自己的投资目标、可投资资金、风险承受能力等信息告知 DeepSeek，DeepSeek 经过分析，建议他将一部分资金投资于国债，国债具有风险低、收益稳定的特点；一部分资金投资于大型蓝筹股，这些股票业绩稳定，股息率较高；还可以配置一些债券型基金，进一步分散风险。通过这样的投资组合，既保证了资产的安全性，又能获得一定的收益。再如，一位激进型投资者追求高收益，愿意承担较高的风险。DeepSeek 会建议他适当增加股票投资的比例，特别是一些成长型股票，同时可以参与一些新兴行业的投资，但也会提醒他注意控制风险，合理配置资产。通过分析成功投资组合案例，可以发现 DeepSeek 推荐的投资组合往往能够在风险和收益之间找到较好的平衡，帮助投资者实现投资目标。

> ❓ 作为个人，如何在全球经济衰退的背景下进行理财？要求稳健型投资，做出资产组合，说明比例。

全球经济衰退背景下的稳健型理财方案

在全球经济衰退的背景下，个人理财应以"保值优先、稳健增值"为核心目标，通过多元化资产配置降低风险，同时确保流动性需求。以下是一份适合稳健型投资者的资产组合建议：

一、资产组合比例

1. 现金及现金等价物（20%）
    - 用途：应对突发事件，满足短期流动性需求。

- 工具：银行活期存款、货币基金、短期国债。
2. 固定收益类资产（40%）
    - 用途：获取稳定收益，降低组合波动性。
    - 工具：国债、高评级企业债、债券基金、大额存单。
3. 权益类资产（20%）
    - 用途：适度参与市场增长，获取长期增值机会。
    - 工具：蓝筹股、指数基金（如沪深300、标普500）、高股息股票。
4. 黄金及避险资产（10%）
    - 用途：对冲通胀及市场风险，增强组合抗风险能力。
    - 工具：实物黄金、黄金ETF、避险货币（如美元、日元）。
5. 另类投资（10%）
    - 用途：分散风险，获取差异化收益。
    - 工具：房地产信托基金、私募债、基础设施基金。

二、资产配置逻辑

1. 现金及现金等价物（20%）
    - 经济衰退期间，市场不确定性增加，持有一定比例的现金可确保流动性，应对突发事件。
2. 固定收益类资产（40%）
    - 债券类资产在经济衰退期间表现相对稳定，尤其是国债和高评级企业债，能够提供稳定的利息收入。
3. 权益类资产（20%）
    - 尽管股市波动较大，但经济衰退后期往往是布局优质资产的良机。选择蓝筹股和指数基金，可降低个股风险。
4. 黄金及避险资产（10%）
    - 黄金在经济衰退期间通常表现较好，能够对冲通胀和市场风险。避险货币也可作为保值工具。
5. 另类投资（10%）
    - 通过投资房地产信托基金、私募债等另类资产，分散风险并获取差异化收益。

三、具体操作建议

1. 现金管理
    - 将20%的资金分散存放于银行活期存款和货币基金，确保随时可用。
2. 债券投资
    - 配置30%的国债或高评级企业债，10%的债券基金，以获取稳定收益。
3. 股票投资
    - 选择10%的蓝筹股和10%的指数基金，长期持有，避免频繁操作。
4. 黄金投资
    - 配置5%的实物黄金或黄金ETF，5%的避险货币（如美元）。
5. 另类投资
    - 配置5%的房地产信托基金和5%的私募债，分散风险并获取稳健收益。

四、风险管理

1. 定期调整
    - 每季度或每半年对资产组合进行复盘，根据市场变化和个人需求调整比例。
2. 分散投资
    - 避免将所有资金集中于单一资产或市场，降低非系统性风险。
3. 长期视角
    - 经济衰退是周期性现象，保持长期投资视角，避免因短期波动而频繁操作。

五、总结

通过上述资产组合，可以在全球经济衰退的背景下实现稳健理财目标。现金和固定收益类资产提供安全垫，权益类和另类资产提供增值潜力，黄金及避险资产增强抗风险能力。建议根据个人风险承受能力和财务状况，灵活调整比例。

希望这份方案对您有所帮助！如需进一步优化，请随时联系！

8.6 财务规划

合理的财务规划是实现个人和家庭财富增长、保障生活质量的重要手段。DeepSeek 可以帮助不同人群制定科学合理的财务规划。以一个年轻的上班族为例，他每月收入为 8000 元，有一定的消费支出和储蓄需求，同时希望在未来几年内购买房产。他将自己的收入、支出、资产、负债以及未来的目标等信息输入 DeepSeek，DeepSeek 会根据这些信息，为他制定详细的财务规划。首先，分析他的收支情况，建议他合理控制消费支出，每月设定一定的储蓄目标，如将 30% 的收入用于储蓄。其次，根据他的购房目标，计算出需要积累的首付款金额，并制定相应的储蓄和投资计划。可以建议他将一部分储蓄投资于低风险的理财产品，如货币基金、债券基金等，以实现资产的增值。而对即将退休的人群，DeepSeek 会根据他们的养老需求、现有资产、社保情况等，制定养老财务规划，建议他们合理安排资产，确保退休后的生活质量，如适当配置一些稳健的理财产品和商业养老保险。

> ❓ 小李是打工一族，工作稳定，每月工资 12000 元，无存款，如何规划在 5 年之内可以购买一套广州房产？

小李五年内购买广州房产的理财规划

目标：5 年内在广州购买一套房产（假设目标房产总价为 200 万元，首付 60 万元）。
现状：月收入 12000 元，无存款，工作稳定。

一、财务目标分解

1. 首付目标
60 万元
2. 时间
5 年（60 个月）
3. 每月储蓄目标
   ○ 60 万元 ÷ 60 个月 = 1 万元/月

二、收入与支出规划

1. 月收入：12000 元
2. 月支出控制
   - 为了实现每月储蓄 1 万元的目标，月支出需控制在 2000 元以内。
   - 支出分配建议：
     - 房租：1000 元（合租或选择郊区房源）。
     - 生活费：800 元（餐饮、交通、通讯等）。
     - 其他：200 元（娱乐、购物等）。

三、储蓄与投资计划

1. 紧急备用金（6 个月生活费）
   - 目标：2000 元/月 × 6 个月 = 1.2 万元。
   - 计划：前 6 个月优先积累备用金，存入货币基金或银行活期存款。
2. 首付储蓄
   - 每月储蓄 1 万元，按以下方式分配：
     - **银行定期存款**（40%）：4000 元/月，年化利率约 2%，5 年后约 25.5 万元。
     - **债券基金**（30%）：3000 元/月，年化收益率约 4%，5 年后约 20.5 万元。
     - **指数基金**（20%）：2000 元/月，年化收益率约 6%，5 年后约 14.5 万元。
     - **黄金 ETF**（10%）：1000 元/月，年化收益率约 3%，5 年后约 6.5 万元。
   - 5 年后总储蓄：约 67 万元（超过首付目标）。

四、职业发展与收入提升

1. 职业规划
   - 尽快稳定工作，选择有发展潜力的行业或岗位。
   - 提升职业技能，争取每年薪资增长 10%～20%。
2. 副业收入
   - 利用业余时间从事兼职或副业（如自由职业、线上教学等），每月增加收入 2000～3000 元。

五、购房策略

1. 区域选择
   - 优先考虑广州郊区或新兴区域，房价相对较低，未来升值潜力较大。
2. 房源类型
   - 选择小户型（如 60～80 平方米）或二手房，降低首付压力。
3. 政策利用
   - 关注广州市购房政策（如首套房优惠、公积金贷款等），降低购房成本。

六、风险管理

1. 保险配置
   - 购买意外险和医疗险，防范突发风险对储蓄计划的影响。
2. 灵活调整
   - 根据收入变化和市场情况，动态调整储蓄和投资比例。

七、总结

通过严格控制支出、合理储蓄与投资、提升收入水平，小李有望在 5 年内实现广州购房目标。关键在于坚持执行计划，并根据实际情况灵活调整。

希望这份规划对小李有所帮助！如需进一步优化，请随时联系！

第 9 章
Office 协作，智能升级

9.1 接入 WPS

在日常办公中，WPS 是人们常用的办公软件之一，而 DeepSeek 与 WPS 的结合，为办公带来了全新的体验。以撰写一份项目策划书为例，我们可以通过以下步骤接入并使用 DeepSeek。

首先，下载并安装 OfficeAI 插件，访问其下载地址（https://www.office-ai.cn/），如图 9-1 所示，以 V0.3.14 版本为例。

图 9-1 OfficeAI 官网界面

单击"立即下载"按钮，会弹出新页面，如图 9-2 所示，建议用高速下载方式进行下载。

软件下载

Last modified: 09 二月 2025

- 版本 v0.3.14

- 更新日期: 2025-2-8 [更新日志]

⬇ **点击这里高速下载** ↗

✏ 官方下载（速度快）↗

✏ 联想应用商店（速度快）↗

✏ 123盘（速度快，提取码: SgVI）↗

图 9-2　OfficeAI 下载界面

下载完成后，双击安装文件，按照提示完成安装，如图 9-3～图 9-5 所示。

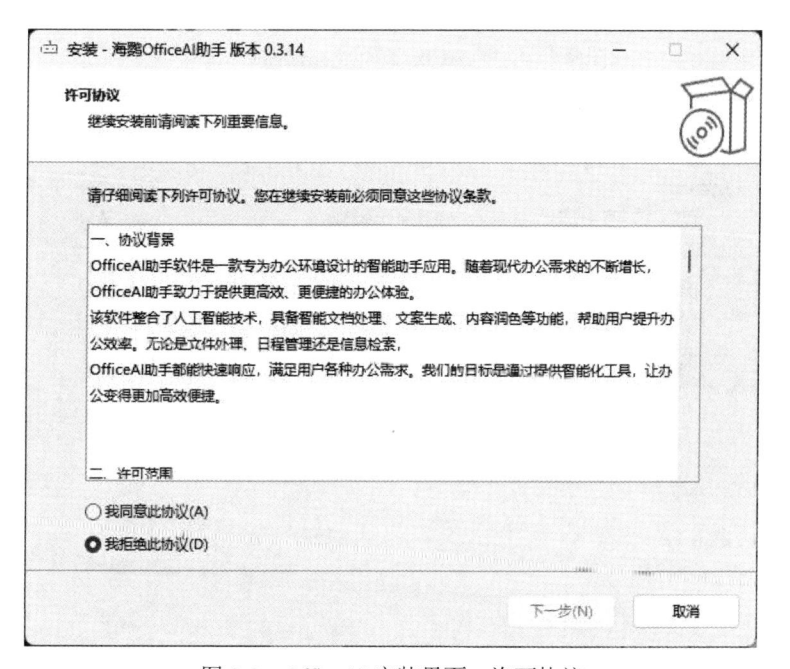

图 9-3　OfficeAI 安装界面—许可协议

根据个人电脑的情况，可能会提示安装 VBA，如图 9-6～图 9-9 所示，根据提示安装即可。

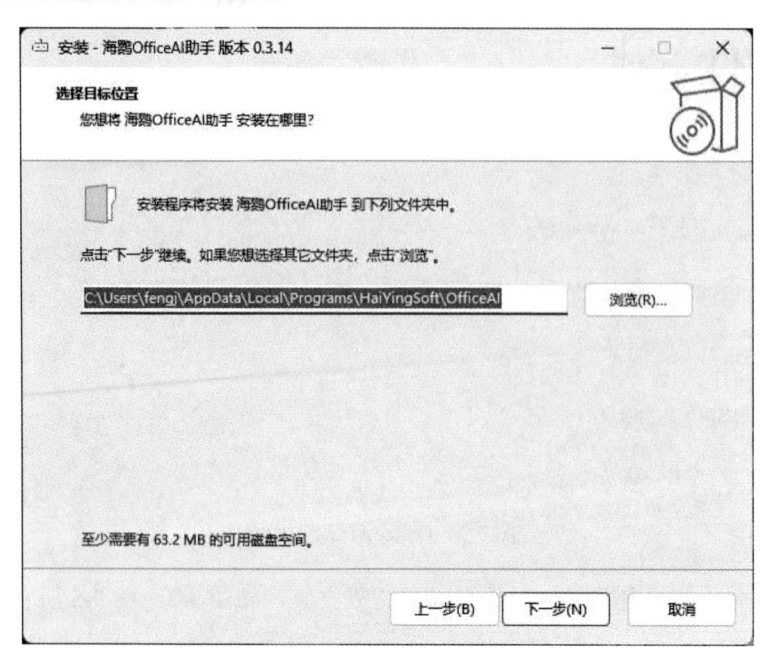

图 9-4　OfficeAI 安装界面—选择目标位置

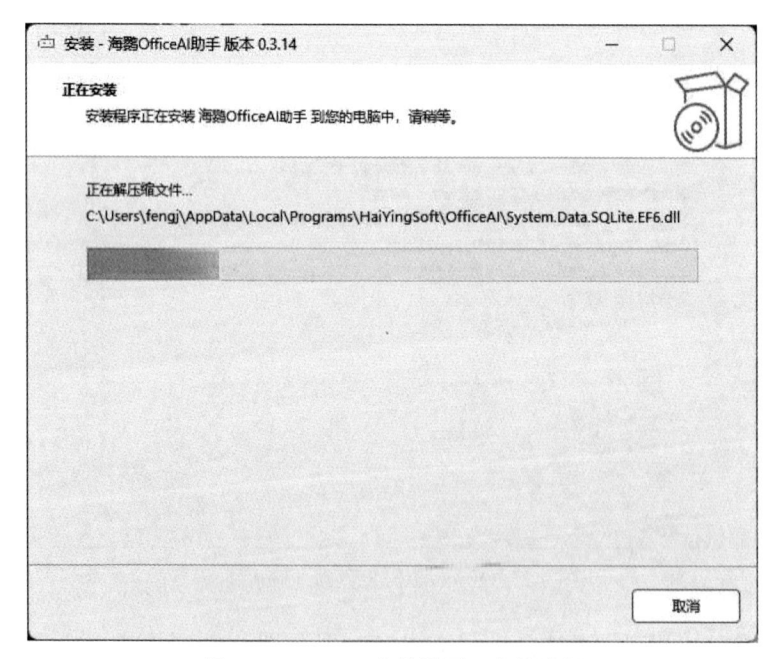

图 9-5　OfficeAI 安装界面—安装过程

图 9-6　安装 VBA

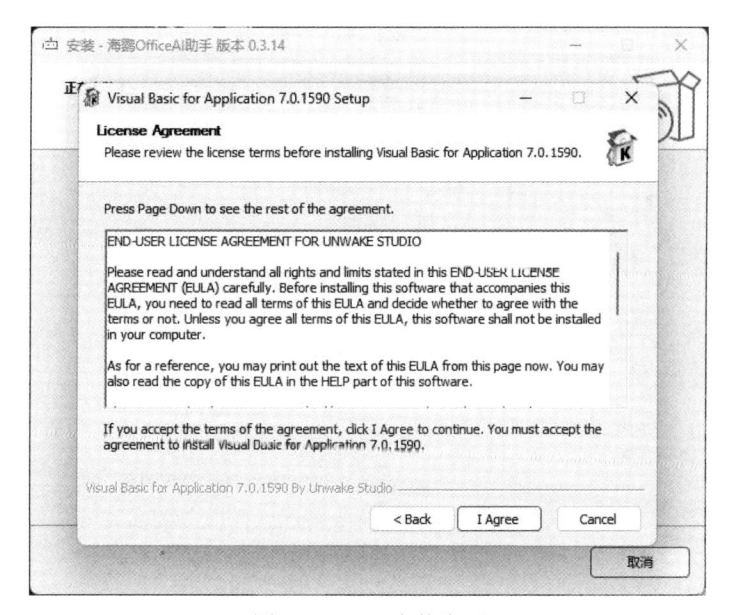

图 9-7　VBA 安装许可

图 9-8　VBA 安装完成

图 9-9　OfficeAI 安装完成

安装完成后单击"完成"按钮，会自动弹出 OfficeAI 助手说明书，顶部出现 OfficeAI 选项，右侧弹出海鹦 OfficeAI 助手界面（需要登录），就说明安装成功，之后打开任意文档或电子表格时都会自动出现该界面，如图 9-10 所示。

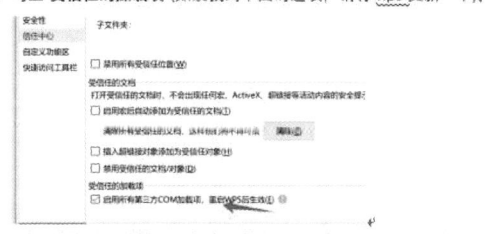

图 9-10　打开 WPS

打开 WPS 时如果未出现 OfficeAI 选项，可以参考 OfficeAI 助手说明书，进行相关设置，如图 9-11 所示。

图 9-11　WPS 不显示 OfficeAI 解决办法

接着，获取 DeepSeek 的 API key，打开 DeepSeek 官网首页，单击右上角的"API 开放平台"，登录账号，登录成功后，单击左侧的 API keys 按钮，然后单击创建 API key 项，输入名称后复制生成的 API key。获取 DeepSeek API key 的具体方法在 3.5 节已经说明，这里不再赘述。

回到 WPS，切换上方菜单，单击 OfficeAI—设置—大模型设置，如图 9-12 所示。OfficeAI 默认带了一些模型，比如豆包、文心一言等。打开"本地模型"开关，"模型平台"选择 DeepSeekR1，在 API_KEY 文本框中粘贴保存的 DeepSeek API 密钥，如图 9-13 所示。最后单击"保存"按钮出现如图 9-14 所示提示框。

图 9-12　OfficeAI 设置

图 9-13　OfficeAI 添加 DeepSeek API

此时会要求安装私有化服务器端，如图 9-15～图 9-17 所示，安装即可。

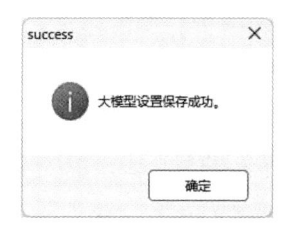

图 9-14　OfficeAI 设置完成

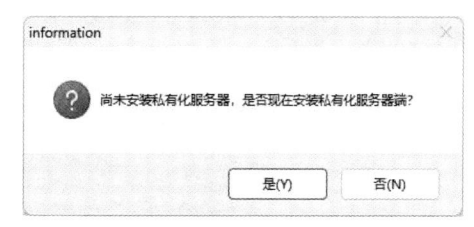

图 9-15　提示安装本地私有化服务器端

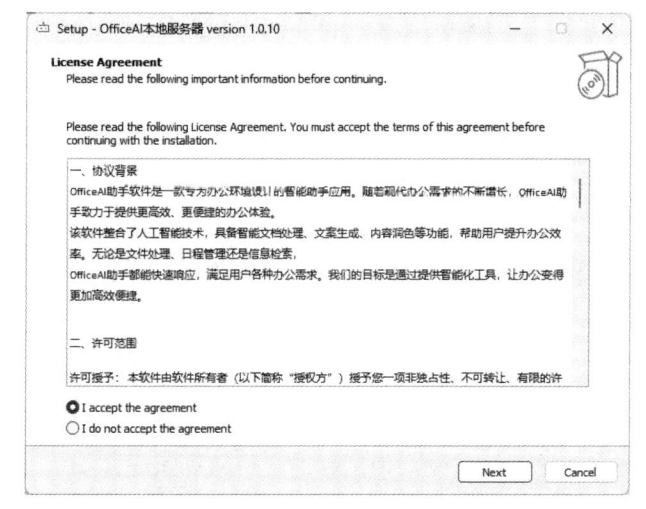

图 9-16　OfficeAI 本地服务器许可

图 9-17　OfficeAI 本地服务器安装完成

配置完成后，就可以和 OfficeAI 助手对话了。此时右侧"海鹦 OfficeAI 助手"界面会提示当前使用的是 DeepSeek 的 deepseek-chat 模型，如图 9-18 所示。

图 9-18 "海鹦 OfficeAI 助手"界面提示

Microsft Office 中接入 DeepSeek 的方法基本与上述操作一致，为促进信创产业发展，本书仅以国产化 WPS 软件为例。

9.2 WPS 生成文案

DeepSeek 在 WPS 中快速生成各种文案的功能，为用户节省了大量的时间和精力。以撰写一份产品推广文案为例，在 WPS 中打开 DeepSeek 后，输入产品的相关信息，如产品名称、功能特点、优势、目标受众等，DeepSeek 就能迅速生成一份吸引人的推广文案。假设要推广一款智能扫地机器人，输入"智能扫地机器人，具有自动规划路线、智能避障、强力吸尘、远程控制等功能，目标受众为忙碌的上班族和家庭主妇"，DeepSeek 生成的文案可能是："还在为烦琐的家务清洁而烦恼吗？这款智能扫地机器人绝对是你的救星！它拥有先进的自动规划路线技术，能够高效清扫家中的每一个角落；智能避障功能让它轻松避开家具、墙壁等障碍物，不碰撞，更省心。强力吸尘系统，能吸走地面上的灰尘、毛发、碎屑等各种垃圾，让你的家一尘不染。而且，还可以通过手机远程控制它，无论你在上班途中还是外出旅行，都能随时启动清扫，给你一个整洁舒适的家。忙碌的上班族和家庭主妇们，还不赶快入手一台！"这样的文案生成速度快，且内容丰富、有吸引力，能够满足不同用户对文案的需求。

在右侧"海鹦 OfficeAI 助手"界面下方输入文案要求，按回车键就可以生成相应的内容。在 OfficeAI 助手中显示了思考过程，如图 9-19 所示，也就是说这里使用了深度思考功能。

在文案生成之后，答案下方有两个按钮："导出到左侧"和"复制"，如图 9-20 所示。单击"导出到左侧"按钮就可以把刚刚生成的文案导出到文本工作区，如图 9-21 所示。

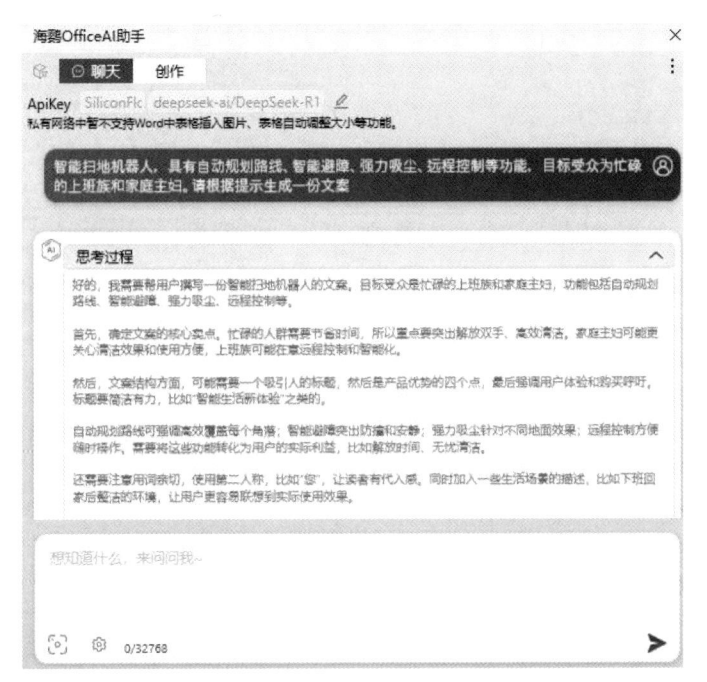

图 9-19　OfficeAI 助手思考过程

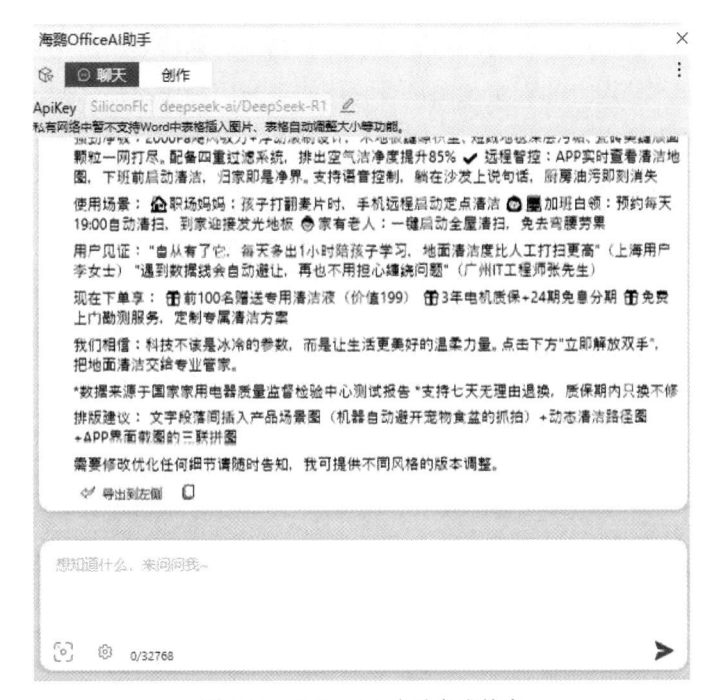

图 9-20　OfficeAI 助手生成答案

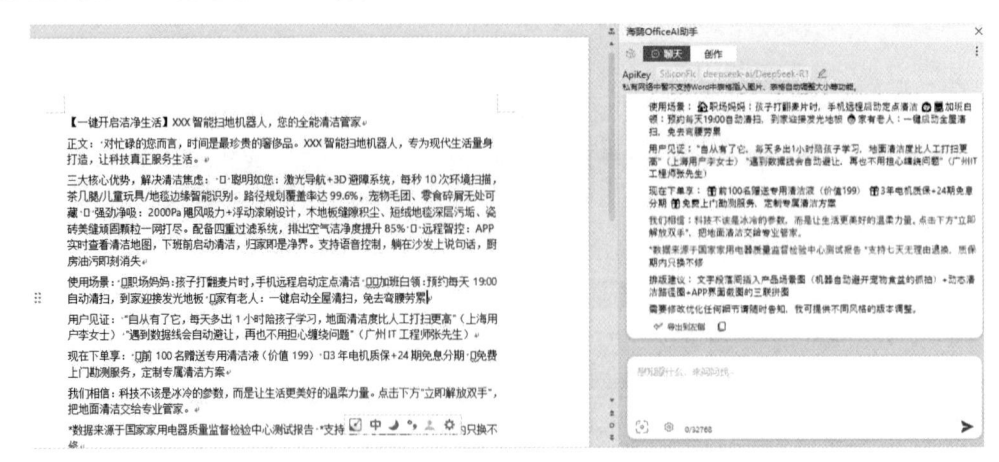

图 9-21　文案导出到文本工作区

9.3　文字校对

在日常使用拼音输入法进行文字录入时，联想输入功能虽极大提升了输入效率，让人们能快速选择候选字词完成输入，然而这也带来了一个不容忽视的问题，那就是存在一定几率出现输入错别字的情况。这是因为联想候选词是基于算法和常用词库给出的推荐，并非每次都能精准理解使用者的真实意图，有时用户可能因操作习惯、候选词排序靠前等因素，误选了错误的字词。

相比之下，AI 纠错在处理这类由拼音输入法联想输入导致的错别字问题时，表现往往要比 WPS 中自带的拼写检查功能更为出色。WPS 自带的拼写检查功能，主要依赖内置的词库，对一些明显的拼写错误能及时标记提醒，但它对语境的理解较为局限，纠错方式相对机械。而 AI 纠错技术则借助先进的深度学习算法和海量的语料库，不仅能识别出拼写错误，还能深入分析上下文语境，精准判断出用户想要表达的真实含义，从而给出更符合语境的纠错建议，在处理复杂语句和口语化表达时优势尤为明显。

现在以一篇小学生的请假条为例，如图 9-22 所示。在请假条中，有很多错别字，看一下 DeepSeek 如何修改。

选择上方工具栏的 OfficeAI，单击"AI 校对"右侧的箭头，在菜单中选择"仅纠错模式"选项，如图 9-23 所示。DeepSeek 会自动分析当前的文字，并对错误的字和词进行纠正，如图 9-24 所示。

图 9-22　错误示例

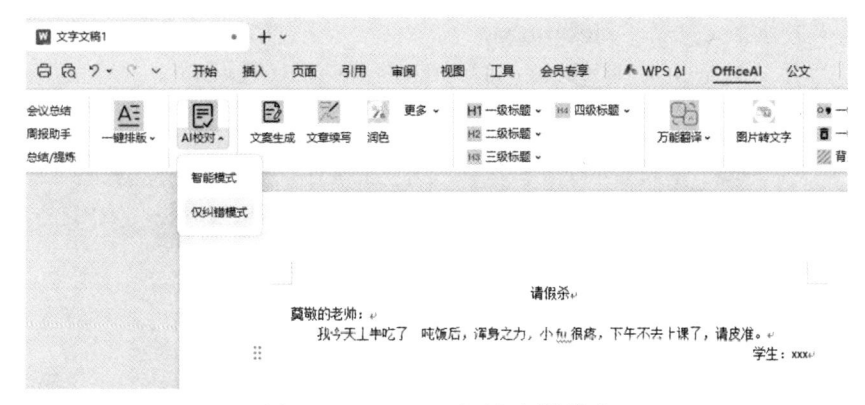

图 9-23　OfficeAI 助手仅纠错模式

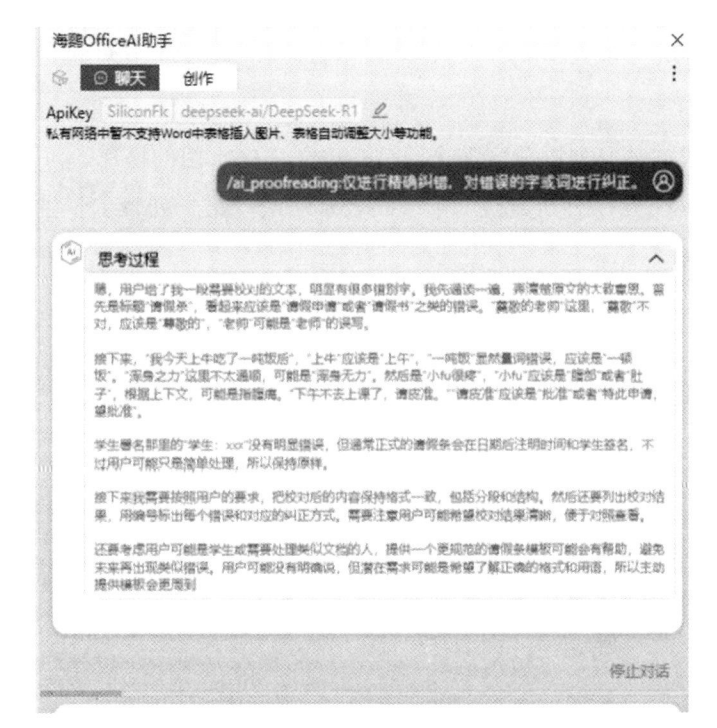

图 9-24　OfficeAI 助手思考过程

输出结果不仅有修改后的文案，还有详细的说明，如图 9-25 所示。

校对后内容：请假申请 尊敬的老师：我今天上午吃了一顿饭后，浑身无力，腹部很疼，下午不去上课了，特此申请，望批准。学生：xxx

校对结果（共6处修正）：

1. 【请假杀 → 请假申请】规范事务性文档标题
2. 【粪敬 → 尊敬】"粪"字使用不符合语境，标准称谓应为"尊敬的"
3. 【上牛 → 上午】时间表达错字
4. 【一吨 → 一顿】量词误用，正常用量为"顿"
5. 【浑身之力 → 浑身无力】根据上下文逻辑修正，"无力"符合病假情境
6. 【小fu → 腹部】拼音输入法错误，规范用词应为"腹部"

补充说明：建议按照以下规范请假条格式写作：请假申请书（顶格）尊敬的XX老师：

（空两格）本人因……（说明请假原因），特此申请于XX年XX月XX日至XX年XX月XX日期间请假，共计X天，望批准。

此致 敬礼

申请人：XXX 日期：XX年XX月XX日

导出到左侧

图 9-25 校对结果

9.4 拆分表格

将一个表格根据某一列拆分成多个，这是电子表格常用的操作。以班级学生表为例。在电子表格中，存在五行两列数据，第一列表示班级，第二列表示学生姓名，如图 9-26 所示。

	A	B
1	班级	姓名
2	1班	张三
3	2班	李四
4	3班	王五
5	2班	赵六
6		

图 9-26 班级学生表

现在需要将表格数据按照班级拆分成多个。首先在 DeepSeek 主界面，单击“回形针”按钮，上传电子表格，如图 9-27 所示。

输入拆表需求：“我想把表格根据 A 列的班级名称拆分成多个单独的 EXCEL 文件，文件名称为 A 列的值（如 1 班.xlsx），请帮我写 VBA 代码”，如图 9-28 所示。

Office 协作，智能升级 第 9 章

我是 DeepSeek，很高兴见到你！

我可以帮你写代码、读文件、写作各种创意内容，请把你的任务交给我吧~

仅识别附件中的文字

工作簿1.xlsx
XLSX 9.27KB

给 DeepSeek 发送消息

深度思考 (R1)　联网搜索

图 9-27　上传表格

新对话

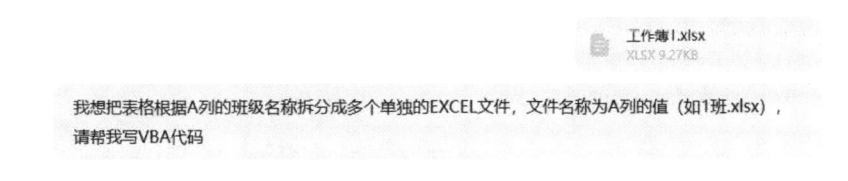

工作簿1.xlsx
XLSX 9.27KB

我想把表格根据A列的班级名称拆分成多个单独的EXCEL文件，文件名称为A列的值（如1班.xlsx），请帮我写VBA代码

你可以使用

图 9-28　输入需求

DeepSeek 回复 VBA 代码和详细说明。

你可以使用以下 VBA 代码来根据 A 列的班级名称将表格拆分成多个单独的 Excel 文件。每个文件将以班级名称命名（如 1 班.xlsx），并包含该班级的所有行。

```vba
Sub SplitDataIntoMultipleFiles()
    Dim ws As Worksheet
    Dim lastRow As Long
    Dim i As Long
    Dim dict As Object
    Dim key As Variant
    Dim newWb As Workbook
    Dim newWs As Worksheet
    Dim cell As Range
    Dim filePath As String
```

127

```vb
'设置工作表
Set ws = ThisWorkbook.Sheets("Sheet1")
lastRow = ws.Cells(ws.Rows.Count, "A").End(xlUp).Row

'创建字典来存储班级和对应的行
Set dict = CreateObject("Scripting.Dictionary")

'遍历数据并将行按班级分组
For i = 2 To lastRow
    key = ws.Cells(i, 1).Value
    If Not dict.exists(key) Then
        dict(key) = ws.Rows(i).EntireRow.Value
    Else
        dict(key) = Application.WorksheetFunction.Index(dict(key), 0) & Application. _
            WorksheetFunction.Index(ws.Rows(i).EntireRow.Value, 0)
    End If
Next i

'保存路径
filePath = ThisWorkbook.Path & "\"

'遍历字典并创建新的工作簿
For Each key In dict.keys
    Set newWb = Workbooks.Add
    Set newWs = newWb.Sheets(1)

    '添加表头
    ws.Rows(1).Copy Destination:=newWs.Rows(1)

    '添加数据
    newWs.Rows(2).Value = dict(key)

    '保存文件
    newWb.SaveAs Filename:=filePath & key & ".xlsx", FileFormat:=xlOpenXMLWorkbook
    newWb.Close SaveChanges:=False
Next key

'释放字典
Set dict = Nothing

MsgBox "拆分完成！"
End Sub
```

代码说明：

1. 字典对象：使用字典对象来存储每个班级对应的行数据。
2. 遍历数据：从第二行开始遍历数据，将每一行数据按班级名称分组存储在字典中。

3. 创建新工作簿：对于字典中的每个班级，创建一个新的工作簿，并将表头和数据写入新工作簿。
4. 保存文件：将每个班级的数据保存为单独的 Excel 文件，文件名为班级名称。

使用方法：
1. 打开包含数据的 Excel 文件。
2. 按 Alt + F11 组合键打开 VBA 编辑器。
3. 在 VBA 编辑器中，插入一个新模块（Insert > Module）。
4. 将上述代码复制到模块中。
5. 关闭 VBA 编辑器，返回 Excel。
6. 按 Alt + F8 组合键，选择 SplitDataIntoMultipleFiles 宏并运行。

运行后，Excel 文件将根据班级名称拆分为多个文件，并保存在与原始文件相同的目录中。

打开 WPS 之后，按 ALT+F11 组合键打开 VBA 编辑器。单击"插入"→"模块"，如图 9-29 所示。

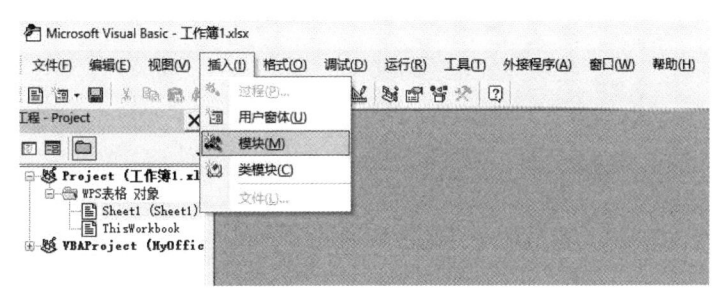

图 9-29 打开 VBA 编辑器

此时在左侧 Project 中会多一个模块 1，同时工作区会弹出空白窗口，用于输入代码，如图 9-30 所示。

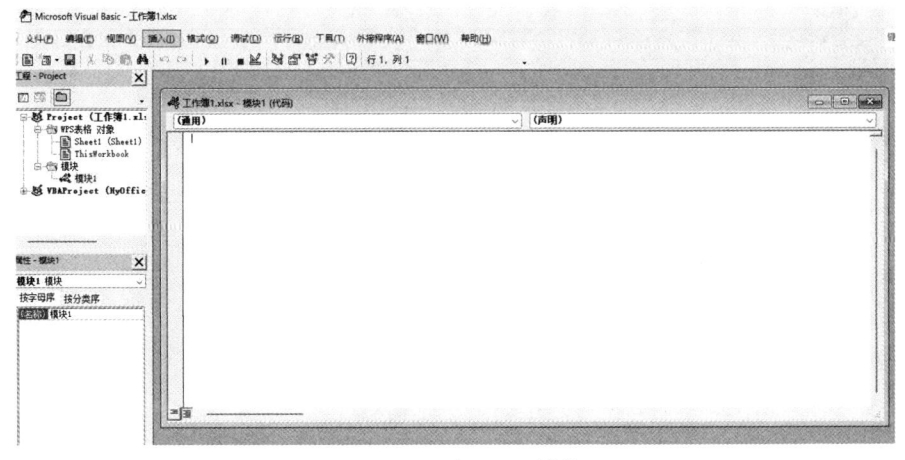

图 9-30 添加 VBA 模块

将 DeepSeek 回答的代码复制到工作区，单击"运行"按钮，或者关闭 VBA 编辑器后按 Alt + F8 组合键，选择 SplitDataIntoMultipleFiles 宏并运行，如图 9-31 所示。

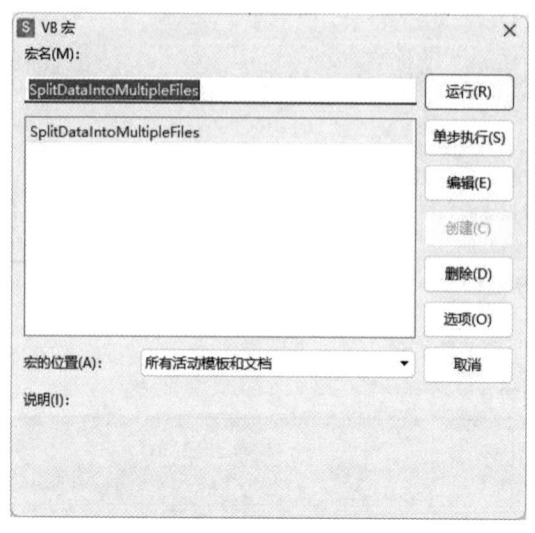

图 9-31 执行宏命令

单击"运行"按钮后，就会看到拆分结果，分别打开查看，如图 9-32 所示。

图 9-32 拆分结果

按照相同的方法，也可以用 DeepSeek 辅助做其他工作，如：生成公式、合并表格等。

9.5　表格公式生成

在电子表格中，求和是常用的操作，利用 DeepSeek 可以快速掌握求和等快捷键的技巧。比如，当需要对一列数据进行求和时，传统的操作方法可能是单击"自动求和"按钮，或者手动输入求和公式"=SUM( )"，然后选择需要求和的数据范围。如果用户忘记具体公式如何编写，可以借助 DeepSeek 询问："在电子表格中，快速对一列数据求和的公式是什么？"DeepSeek 会告知我们，在选中需要求和的数据列后，按下 Alt+=组合键，即可快速完成求和操作，结果会自动显示在选中数据下方的单元格中。

有一个电子表格，Sheet1 存储电子产品销售额，Sheet2 存储电子产品的单价，如图 9-33 和图 9-34 所示。

	A	B	C	D	E
1	订单号	产品名称	数量	单价	总金额
2	A001	手机			
3	A002	耳机			
4	A003	笔记本			
5	A004	鼠标			
6	A005	键盘			

图 9-33　sheet1

	A	B	C
1	产品名称	单价	库存
2	手机	5000	50
3	耳机	300	100
4	笔记本	8000	30
5	鼠标	150	200
6	键盘	250	150

图 9-34　sheet2

先把表格传到 DeepSeek 中，然后输入："根据产品名称匹配单价，并计算总金额"，如图 9-35 所示。

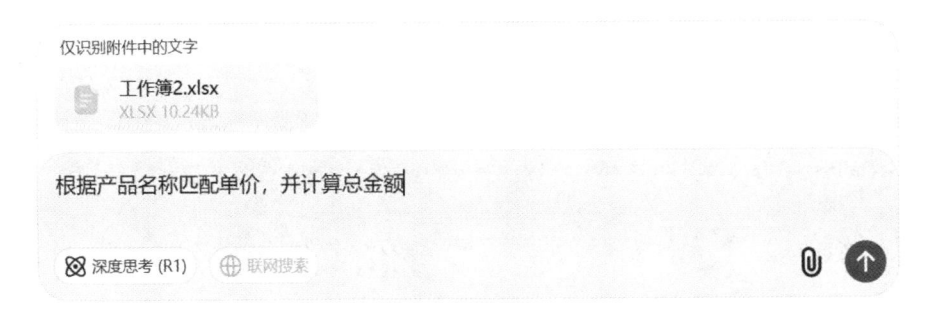

图 9-35　提问

要根据产品名称匹配单价并计算总金额，我们可以按照以下步骤进行操作：

1. **匹配单价**：使用 Sheet1 中的产品名称在 Sheet2 中查找对应的单价。
2. **计算总金额**：将匹配到的单价与 Sheet1 中的数量相乘，得到总金额。

假设 Sheet1 中的数量列已经填充，我们可以使用以下公式来实现：

- 在 Sheet1 的 D 列（单价）中，使用 VLOOKUP 函数来匹配单价。例如，在 D2 单元格中输入以下公式：
=VLOOKUP(B2, Sheet2!A:C, 2, FALSE)

这将根据 B2 中的产品名称在 Sheet2 的 A:C 列中查找对应的单价。

- 在 Sheet1 的 E 列（总金额）中，计算总金额。例如，在 E2 单元格中输入以下公式：
=C2 * D2

这将计算数量与单价的乘积，得到总金额。

以下是填充后的 Sheet1 示例：

A	B	C	D	E
订单号	产品名称	数量	单价	总金额
A001	手机	2	5000	10000
A002	耳机	5	300	1500
A003	笔记本	1	8000	8000
A004	鼠标	3	150	450
A005	键盘	4	250	1000

请注意，C 列中的数量需要提前填充。如果数量尚未填充，请先输入相应的数量值。

有时候过长的公式中出现了错误，排查起来比较麻烦，可以让 AI 查找错误，它能够迅速地找出错误。

> 说明=IFS("及格",B2<85,B2<60,"不及格",B2<75,"良好",B2>=85,"优秀")这个公式哪里错误了并给出正确的公式

你提供的公式有几个问题：

1. **逻辑顺序错误**：IFS 函数会按顺序检查条件，一旦某个条件为真，就会返回对应的结果。因此，条件的顺序非常重要。当前公式的顺序可能会导致错误的判断。
2. **条件表达式错误**：你在公式中使用了"及格"作为条件，这会导致逻辑错误，因为"及格"是一个字符串，而不是一个逻辑表达式。
3. **条件不完整**：你需要在每个条件前明确指定要判断的单元格（如 B2）。

正确的公式：
=IFS(B2>=85, "优秀", B2>=75, "良好", B2>=60, "及格", B2<60, "不及格")

公式解释：
- **B2>=85, "优秀"**：如果 B2 的值大于或等于 85，返回"优秀"。
- **B2>=75, "良好"**：如果 B2 的值大于或等于 75 但小于 85，返回"良好"。

- **B2>=60,"及格"**：如果 B2 的值大于或等于 60 但小于 75，返回"及格"。
- **B2<60,"不及格"**：如果 B2 的值小于 60，返回"不及格"。

注意事项：
- **顺序**：IFS 函数会按顺序检查条件，因此条件的顺序必须从最严格的条件开始（例如 B2>=85），逐步放宽条件（例如 B2>=75、B2>=60 等）。
- **覆盖所有情况**：确保所有可能的情况都被覆盖，避免遗漏某些条件。

你可以将这个公式应用到 Excel 中，它会根据 B2 的值返回相应的评级。

9.6 快速拆分复杂字段

很多时候，电子表格中的地址都是从省级到街道的完整形式。如果希望将地址列拆分成"省、市、区"，且部分地址格式混乱，如图 9-36 所示，用公式处理就不是很方便了。

	A
1	地址
2	广东省深圳市南山区
3	浙江省杭州市西湖区
4	北京市朝阳区
5	上海市浦东新区
6	江苏省-南京市鼓楼区
7	四川省/成都市锦江区
8	广州市天河区
9	湖北省武汉市江岸区
10	

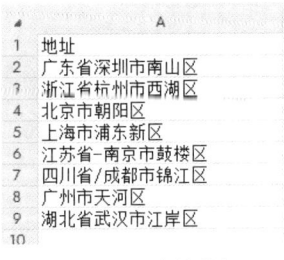

图 9-36 地址数据

先在 DeepSeek 中上传表格，然后输入："将地址拆分为省、市、区三列，自动补全缺失信息"。

> **将地址拆分为省、市、区三列，自动补全缺失信息**
>
> 要将地址拆分为省、市、区三列，并自动补全缺失信息，可以按照以下步骤进行操作：
> 1. **拆分地址**：根据地址中的分隔符（如"省""市""区"等）将地址拆分为省、市、区三部分。
> 2. **补全缺失信息**：对于没有明确省份或城市的地址，根据已知信息进行补全。
>
> 以下是具体的操作步骤和示例：
> 1. 拆分地址
>
> 假设地址格式为省—市—区或省/市/区，可以使用 Excel 的文本分列功能或公式来拆分。
>
> **方法 1：使用文本分列功能**
>
> 步骤 1：选中 A 列（地址列）。
>
> 步骤 2：在 Excel 菜单中选择"数据"→"文本分列"项。
>
> 步骤 3：选择分隔符号，然后单击"下一步"按钮。

步骤 4：在"分隔符"号中选择"其他"，并输入 - 或 /，然后单击"完成"按钮。
方法 2：使用公式
在 B 列（省）、C 列（市）、D 列（区）中分别使用以下公式：
- 省（B 列）：

=IF(ISNUMBER(FIND("省", A2)), LEFT(A2, FIND("省", A2)), IF(ISNUMBER(FIND("市", A2)), LEFT(A2, FIND("市", A2)), LEFT(A2, FIND("-", A2)-1)))

- 市（C 列）：

=IF(ISNUMBER(FIND("市", A2)), MID(A2, FIND("省", A2)+1, FIND("市", A2)-FIND("省", A2)), MID(A2, FIND("-", A2)+1, FIND("区", A2)-FIND("-", A2)-1))

- 区（D 列）：

=MID(A2, FIND("区", A2)-2, 3)

2. 补全缺失信息

对于没有明确省份或城市的地址，可以根据已知信息进行补全。例如：
- 如果地址中只有"广州市天河区"，可以补全省份为"广东省"。
- 如果地址中只有"北京市朝阳区"，可以补全省份为"北京市"。

示例结果
以下是拆分和补全后的表格示例：

A	B	C	D
地址	省	市	区
广东省深圳市南山区	广东省	深圳市	南山区
浙江省杭州市西湖区	浙江省	杭州市	西湖区
北京市朝阳区	北京市	北京市	朝阳区
上海市浦东新区	上海市	上海市	浦东新区
江苏省-南京市鼓楼区	江苏省	南京市	鼓楼区
四川省/成都市锦江区	四川省	成都市	锦江区
广州市天河区	广东省	广州市	天河区
湖北省武汉市江岸区	湖北省	武汉市	江岸区

通过以上步骤，您可以将地址拆分为省、市、区三列，并自动补全缺失信息。
DeepSeek 返回多种方法，用户可以自行选择，也可以直接复制示例结果到电子表格中。

9.7 PPT 生成

DeepSeek 根据内容快速生成 PPT 的能力，大大提高了制作 PPT 的效率。以制作一份旅游景点介绍 PPT 为例，将旅游景点的名称、地理位置、特色景点、历史文化、美食推荐等信息输入 DeepSeek，并请求它生成 PPT。DeepSeek 会迅速生成 PPT 页面内容，展示效果如下：幻灯片 1，封面，以该旅游景点的标志性风景图片为背景，配上醒目的景点名称和副标题"带你领略[景点名称]的魅力"；幻灯片 2，景点概述，介绍景点的地理位置、基本信息；幻灯片 3，特色景点 1，展示景点的一个特色景点的图片，并配以文字介绍其特点和历史；幻灯片 4，特色景点 2，同样展示图片和文字介绍；幻灯片 5，历史文化，讲述景点的历史渊源、文化传承；幻灯片 6，美食推荐，列举当地的特色美食，配上美食图片；幻灯片 7，旅游攻略，给出游玩建议、交通指南、住宿推荐等；幻灯片 8，总结，再次强调景点的魅力，欢迎游客前来游玩。生成的 PPT 页面布局合理，图文搭配协调，能够直观地展示旅游景点的相关信息，为用户提供了一个良好的 PPT 框架，用户可以根据自己的需求进一步修改和完善。

> ? 我是一名销售总监，公司销售产品为展会灯箱，公司主要客户为海外中小企业。请帮忙写一份年终总结 PPT 大纲，以 Markdown 形式输出

以下是一份适合销售总监的年终总结 PPT 大纲，针对公司销售展会灯箱产品，主要客户为海外中小企业的场景。大纲以 Markdown 格式输出，方便你进一步编辑和整理。

#年终总结 PPT 大纲

1. 封面
- **标题**：2024 年度销售工作总结
- **副标题**：展会灯箱产品销售回顾与展望
- **演讲者**：[姓名]，销售总监
- **日期**：2024 年 12 月

---

2. 目录
1. 年度销售业绩概览
2. 市场与客户分析
3. 产品表现与竞争力
4. 销售策略与执行
5. 团队建设与人才培养
6. 挑战与问题分析
7. 2025 年目标与计划
8. 总结与展望

3.年度销售业绩概览
3.1 总体销售数据
- 年度销售额：$× （同比增长 ×%）
- 年度销售量：×台（同比增长 ×%）
- 主要销售区域：欧洲、北美、东南亚等

3.2 季度销售趋势
- 第一季度：$×
- 第二季度：$×
- 第三季度：$×
- 第四季度：$×

3.3 重点客户贡献
- 前十大客户销售额占比：×%
- 新客户开发数量：×家
---

4. 市场与客户分析
4.1 目标市场分析
- 主要市场：欧洲、北美、东南亚
- 市场增长率：×%
- 市场趋势：中小企业对定制化灯箱需求增加

4.2 客户画像
- 客户类型：中小企业
- 客户行业：零售、展览、广告
- 客户需求：高性价比、快速交付、定制化设计

4.3 客户反馈
- 正面反馈：产品质量、售后服务
- 改进建议：交付周期、定制化选项
---

5. 产品表现与竞争力
5.1 产品线回顾
- 主打产品：X 系列灯箱
- 新产品发布：Y 系列灯箱（市场反响）

5.2 产品竞争力分析
- 优势：价格竞争力、定制化能力
- 劣势：品牌知名度、交付周期

5.3 竞争对手分析
- 主要竞争对手：A 公司、B 公司
- 竞争策略：价格战、技术创新
---

6. 销售策略与执行
6.1 销售渠道
- 线上渠道：官网、B2B 平台（如阿里巴巴国际站）
- 线下渠道：展会、代理商

6.2 营销活动
- 参加展会：×场，带来×个潜在客户
- 线上推广：Google Ads、社交媒体广告

6.3 客户关系管理（CRM）
- CRM 系统使用情况
- 客户满意度调查结果

---

7. 团队建设与人才培养
7.1 团队现状
- 销售团队规模：×人
- 区域分布：欧洲、北美、东南亚

7.2 人才培养
- 培训计划：产品知识、销售技巧
- 团队激励：绩效考核、奖金制度

7.3 团队成果
- 个人业绩排名
- 团队协作案例分享

---

8. 挑战与问题分析
8.1 外部挑战
- 全球经济不确定性
- 竞争对手价格战

8.2 内部问题
- 交付周期过长
- 定制化需求响应速度慢

8.3 改进措施
- 优化供应链管理
- 提升客户沟通效率

---

9. 2025 年目标与计划
9.1 销售目标
- 2025 年销售额目标：$×（同比增长×%）
- 新客户开发目标：×家

9.2 市场拓展计划
- 新市场开拓：南美、中东
- 重点客户维护：前二十大客户

9.3 产品与策略优化
- 新产品开发计划
- 销售策略调整：加强线上推广

---

10. 总结与展望
10.1　2024 年总结
- 成功经验：客户满意度提升、新市场开拓
- 不足之处：交付周期、品牌知名度

10.2　2025 年展望
- 目标：成为海外中小企业首选灯箱供应商
- 愿景：通过创新与优质服务，持续提升市场份额

---

11. 问答环节
- 开放观众提问，解答相关问题

---

12. 结束页
- **感谢语**：感谢团队的努力与支持！
- **联系方式**：[邮箱/电话]

备注：
- 每个部分可以根据实际情况添加图表、数据支持（如销售额趋势图、客户分布图等）。
- 适当加入案例分享或客户反馈，增强说服力。
希望这份大纲能帮助你整理思路，顺利完成年终总结！

接下来可以利用 Kimi 或者 Mindshow 等工具，生成 PPT。

用户也可以使用 OfficeAI 助手来生成 PPT 大纲。在 OfficeAI 助手中选择"创作"标签页，可以看到自带很多模板，并进行了分类，如图 9-37 所示。选择"PPT 大纲"，页面就变成条件页面。在页面中输入自己的需求，如图 9-38 所示。

图 9-37　OfficeAI 助手创作模板

图 9-38　设定参数

单击右侧的"设置"按钮，可以修改或删除参数主题，如图 9-39 所示。例如将内容要求，改为页数要求。也可以单击下方的加号，增加一些参数，如图 9-40 所示。

图 9-39　调整参数

图 9-40　添加编辑参数

单击"确定"按钮后就会自动生成 PPT 大纲，如图 9-41 所示。

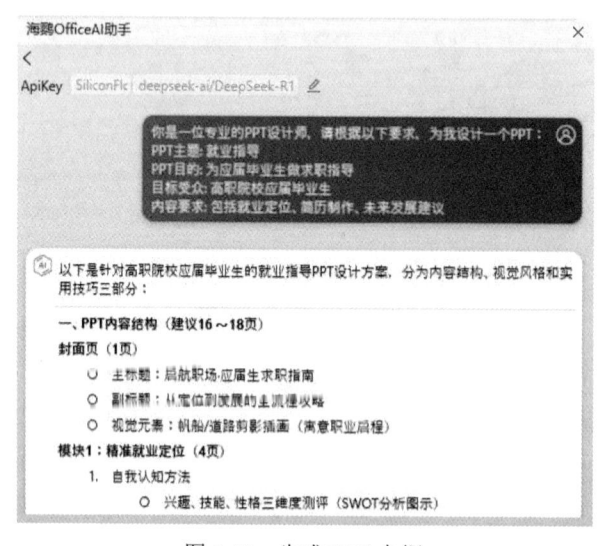

图 9-41　生成 PPT 大纲

9.8　WPS 内嵌 DeepSeek

WPS 不仅可以使用第三方插件来嵌入大模型，自己本身也内嵌了人工智能引擎。

打开 WPS，单击 WPS Office 标签，再单击"WPS 灵犀"按钮，这是一个综合的 AI 工具，如图 9-42 所示。

图 9-42　进入 WPS 灵犀

在新页面，打开 DeepSeek R1 开关，启用大模型，输入相应的问题，单击"执行"按钮，AI 开始运行，R1 模型默认使用思维链模式，等待 AI 输出思考过程和结果，如图 9-43 所示。

图 9-43　打开 DeepSeek R1

单击"生成 PPT"按钮，可以快速生成 PPT。例如输入"根据以下主题生成 PPT：应届生求职简历的要点"，如图 9-44 所示，单击"执行"按钮。

图 9-44　自动生成 PPT

WPS 会自动生成 PPT 大纲，之后选择模板，单击"生成 PPT"按钮，如图 9-45 所示。

图 9-45　选择模板

系统会自动根据模板生成 PPT，之后可以进入 WPS 修改，如图 9-46 所示。

图 9-46　生成 PPT

第10章
法律领域，智能辅助

10.1 法律条文检索

在法律工作中，准确、快速地检索法律条文是基础且关键的任务。DeepSeek 凭借其强大的自然语言处理能力和庞大的法律知识库，能够帮助法律从业者迅速定位所需的法律条文。以处理一起合同纠纷案件为例，律师需要查找关于合同违约责任的相关法律条文。在 DeepSeek 中输入"合同违约责任的法律条文有哪些"，它会迅速给出回应，不仅列出《中华人民共和国民法典》中关于合同违约责任的具体条款，如第五百七十七条规定"当事人一方不履行合同义务或者履行合同义务不符合约定的，应当承担继续履行、采取补救措施或者赔偿损失等违约责任"，还会提供相关的司法解释和典型案例，帮助律师更好地理解和应用这些条文。在实际操作中，还可以进一步细化检索条件，如"2020 年以后关于房屋租赁合同违约责任的法律条文"，DeepSeek 能够更精准地筛选出符合要求的法律规定，大大提高了法律检索的效率和准确性。

> ❓ 2020 年以后关于房屋租赁合同违约责任的法律条文。

> 🐋 **2020 年以后关于房屋租赁合同违约责任的法律条文**
>
> 根据《中华人民共和国民法典》（2021 年 1 月 1 日生效）及相关司法解释，关于房屋租赁合同的违约责任，主要法律条文及司法实践要点如下：
>
> **一、违约责任的一般规定**
>
> 1. 违约责任的承担方式
>
> 根据《中华人民共和国民法典》第五百七十七条，违约方需承担继续履行、采取补救措施或赔偿损失等责任。

2. 违约金的约定与调整
- 若合同中明确约定违约金，按约定执行；若违约金过高（超过实际损失30%）或过低，可请求法院调整。
- 未约定违约金时，按实际损失赔偿，包括直接损失和合同履行后可获得的利益。

二、出租人（甲方）的违约责任

1. 无法提供房屋

若出租人无法按约定交付房屋，需支付承租人两倍月租金作为违约金。

2. 逾期交房或提前收回房屋
- 逾期交房：按日支付月租金0.5%的滞纳金。
- 提前收回房屋：支付两倍月租金作为违约金，并赔偿损失。

3. 未履行维修义务

出租人未及时维修房屋，承租人可自行维修并要求出租人承担费用。

4. 房屋权属瑕疵

因房屋权属问题导致合同无效，出租人需赔偿承租人损失。

三、承租人（乙方）的违约责任

1. 擅自退租或转租
- 未经同意中途退租：需支付两倍月租金作为违约金，并赔偿损失。
- 擅自转租、改变用途或进行违法活动：出租人可解除合同并收回房屋，承租人需支付违约金。

2. 拖欠租金或费用
- 拖欠租金超过1个月，出租人可解除合同，承租人按日支付0.5%滞纳金。
- 逾期支付水电费等费用，按日支付0.5%滞纳金。

3. 损坏房屋或设施

承租人因使用不当造成房屋损坏，需恢复原状或赔偿损失。

四、合同解除的法定情形

根据《中华人民共和国民法典》第五百六十三条，以下情形可法定解除合同：
1. 因不可抗力导致合同目的无法实现；
2. 一方明确表示或以行为表明不履行主要债务；
3. 一方迟延履行主要债务，经催告后仍未履行；
4. 其他导致合同目的无法实现的情形。

五、司法实践中的典型案例参考

1. 轻微违约不构成解约理由

若房屋存在卫生问题或遗留物品（如空调、网线），但可通过清洁或协商解决，承租人不得单方解除合同，否则需承担违约责任（如案例中租客因卫生问题退租被法院驳回）。

2. 违约金与定金的处理

若承租人单方违约，定金一般不予退还；若违约金不足以弥补损失，可要求追加赔偿。

六、特别提示

- **签约前的审慎义务**：承租人在签约前应实地查看房屋，明确权责；出租人需确保房屋符合约定条件。
- **书面合同的重要性**：建议明确约定违约金、维修责任、解约条件等条款，以减少纠纷。

如需具体法律条文或案例细节，可进一步查阅《中华人民共和国民法典》合同编及《最高人民法院关于适用〈民法典〉合同编通则若干问题的解释》。

10.2 撰写法律文书

撰写各类法律文书是法律工作者的重要工作内容，DeepSeek 在这方面能够提供有力的协助。以撰写民事起诉状为例，当用户将案件的基本事实、原告和被告的信息、诉讼请求等内容告知 DeepSeek 后，它能够快速生成一份结构完整、内容规范的民事起诉状模板。比如，在一个民间借贷纠纷案件中，原告小王借给被告小李 5 万元，约定还款期限已过，小李仍未还款。小王的律师将这些信息输入 DeepSeek，它生成的起诉状中明确列出了原告和被告的姓名、性别、年龄、住址、联系方式等基本信息，诉讼请求部分清晰地写明"请求判令被告偿还借款本金 5 万元及利息（以 5 万元为基数，按照全国银行间同业拆借中心公布的贷款市场报价利率，自约定还款期限届满之日起计算至实际清偿之日止）"，事实与理由部分详细阐述了借款的经过、约定的还款期限以及被告未还款的情况。除了民事起诉状，DeepSeek 还能协助撰写刑事起诉书、辩护词、代理词、合同等各种法律文书，为法律工作者节省了大量的时间和精力。

❓ 小李借给小张 2 万元钱，约定 6 个月后的 2025 年元旦归还本息共 2.1 万元，请写一个符合法律规定的借条。

借条

借款人（甲方）：小张
身份证号：_____
联系电话：_____
住址：_____
出借人（乙方）：小李
身份证号：_____
联系电话：_____
住址：_____

一、借款事项
1. 借款金额：人民币贰万元整（¥20,000.00）。
2. 借款用途：_____（如：个人消费、资金周转等）。
3. 借款期限：自 2024 年 7 月 1 日起至 2025 年 1 月 1 日止，共计 6 个月。
4. 还款方式：甲方应于 2025 年 1 月 1 日一次性归还乙方本金及利息。
5. 利息约定：借款利息为人民币壹仟元整（¥1,000.00），借款到期后本息合计人民币贰万壹仟元整（¥21,000.00）。

二、双方权利与义务

1. 甲方义务：
   - 按时归还借款本息，不得拖欠。
   - 如提前还款，需征得乙方同意，利息按实际借款天数计算。
2. 乙方义务：
   - 按时提供借款，不得无故拖延。
   - 在甲方按时还款后，出具收款凭证。

三、违约责任

1. 如甲方未按期归还借款，每逾期一日，应按未还本金的万分之五支付违约金。
2. 如甲方未按约定用途使用借款，乙方有权提前收回借款并要求甲方支付违约金。

四、争议解决

1. 本借条适用中华人民共和国法律。
2. 如双方因本借条发生争议，应协商解决；协商不成的，任何一方可向乙方所在地人民法院提起诉讼。

五、其他条款

1. 本借条自双方签字之日起生效。
2. 本借条一式两份，甲乙双方各执一份，具有同等法律效力。

甲方（借款人）签字：_____
日期：2024 年 7 月 1 日
乙方（出借人）签字：_____
日期：2024 年 7 月 1 日

附：甲乙双方身份证复印件（粘贴处）

注意事项

1. 借条应手写或打印后签字，确保字迹清晰。
2. 双方身份证复印件应附在借条后，以备查验。
3. 如有担保人，需在借条上注明担保信息并由担保人签字。

希望这份借条符合您的需求！如需调整，请随时告知！

10.3 提供法律咨询

对于普通民众和法律从业者来说，在遇到法律问题时，及时获得准确的法律咨询非常重要。DeepSeek 可以作为一个便捷的法律咨询工具，为用户解答各种法律疑问。比如，一位上班族小张在工作中遭遇了无故被公司辞退的情况，他向 DeepSeek 咨询："公司无故辞退我，我该怎么办？" DeepSeek 会详细地为他解答："公司无故辞退员工属于违法行为。您可以首先与公司进行协商，要求公司说明辞退的原因，并争取合理的赔偿。如果协商不成，可以向当地的劳动监察部门投诉，劳动监察部门会对公司的行为进行调查和处理。您还可以申请劳动仲裁，要求公司支付违法解除劳动合同的赔偿金，赔偿金的标准是经济补偿的二倍。经济补偿按劳动者在本单位工作的年限，每满一年支付一个月工资的标准向劳动者支付。六个月以上不满一年的，按一年计算；不满六个月的，向劳动者支付半个月工资的经济补偿。如果对仲裁结果不满意，您还可以向人民法院提起诉讼。"通过这样详细的解答，小张对自己的权益和维权途径有了清晰的认识，能够更好地维护自己的合法权益。

> ❓ 小林因为公司运营方向调整而被辞退，同时因为居家办公的原因，公司拒绝支付工资，请问应该如何通过法律进行维权？

> 💡 小林因为公司运营方向调整被辞退，同时公司以居家办公为由拒绝支付工资，这种情况可以通过法律途径进行维权。以下是具体的维权步骤和建议：
>
> 1. 确认劳动关系
>   - **劳动合同**：首先确认小林与公司之间是否存在有效的劳动合同。如果有合同，明确合同中的工作内容、薪资标准、工作时间等条款。
>   - **事实劳动关系**：即使没有书面合同，只要能证明存在事实劳动关系（如工资支付记录、工作邮件、考勤记录等），也可以主张权益。
>
> 2. 确认辞退是否合法
>   - **辞退理由**：公司因"运营方向调整"辞退员工，可能属于《劳动合同法》中的"经济性裁员"或"客观情况发生重大变化"。公司需要提供合法依据，并履行法定程序。
>   - **程序合法性**：
>   - 如果是经济性裁员，公司需提前 30 天向工会或全体员工说明情况，并向劳动行政部门报告。
>   - 如果是"客观情况发生重大变化"，公司应与员工协商变更劳动合同，协商不成的才能解除合同，并支付经济补偿。
>
> 3. 工资支付问题
>   - **居家办公期间的工资**：居家办公属于正常工作，公司应按照劳动合同约定支付工资。如果公司拒绝支付，属于违法行为。
>   - **拖欠工资的法律责任**：根据《中华人民共和国劳动合同法》第 85 条，公司拖欠工资的，劳动行政部门可以责令其限期支付，逾期不支付的，还需加付赔偿金（应付金额的 50%～100%）。
>
> 4. 经济补偿
>   - 如果公司合法解除劳动合同，小林有权获得经济补偿。补偿标准为每工作满一年支付一个月工资（不满半年按半年计算，满半年不满一年按一年计算）。
>   - 如果公司违法解除劳动合同，小林可以要求继续履行合同或要求双倍经济补偿。
>
> 5. 维权步骤
>   （1）与公司协商
>   - 首先尝试与公司协商，要求支付拖欠工资和经济补偿。可以通过书面形式（如邮件或律师函）提出诉求。
>
>   （2）向劳动监察部门投诉
>   - 如果协商无果，可以向当地劳动监察大队投诉，要求其介入调查并责令公司支付工资和经济补偿。

（3）申请劳动仲裁
- 如果劳动监察部门无法解决问题，小林可以向劳动争议仲裁委员会申请劳动仲裁。仲裁是解决劳动争议的必经程序。
- 仲裁申请材料包括：
  - 仲裁申请书。
  - 劳动合同或其他证明劳动关系的材料。
  - 工资支付记录、辞退通知等证据。

（4）提起诉讼
- 如果对仲裁结果不服，可以在收到仲裁裁决书之日起 15 日内向人民法院提起诉讼。

6. 证据收集
   - **劳动合同**：证明劳动关系。
   - **工资支付记录**：证明工资标准和支付情况。
   - **辞退通知**：证明公司解除劳动合同的事实。
   - **工作记录**：如邮件、聊天记录、考勤记录等，证明居家办公期间的工作情况。
   - **公司通知**：如公司关于运营方向调整的通知。

7. 法律依据
   - 《中华人民共和国劳动合同法》：
     - 第四十条：关于"客观情况发生重大变化"解除合同的规定。
     - 第四十六条：关于经济补偿的规定。
     - 第八十五条：关于拖欠工资的法律责任。
   - **《工资支付暂行规定》**：明确工资支付的时间和方式。

8. 建议
   - **咨询律师**：如果情况复杂，建议咨询专业劳动法律师，获取更具体的法律建议。
   - **保留证据**：在整个过程中，务必保留所有相关证据，以便在仲裁或诉讼中使用。

通过以上步骤，小林可以依法维护自己的合法权益，要求公司支付拖欠工资和经济补偿。

10.4　辅助司法审判

在司法审判过程中，法官需要对复杂的案件进行深入分析，作出公正的判决。DeepSeek 可以辅助法官进行案件分析，提供参考依据。以一起知识产权侵权案件为例，法官在审理过程中，需要对侵权行为的认定、赔偿金额的确定等问题进行判断。将案件的相关信息，如侵权产品的特征、被侵权方的损失情况、双方提供的证据等输入 DeepSeek，它可以通过对大量类似案例的分析，总结出常见的侵权认定标准和赔偿计算方法，为法官提供参考。它还能对案件中的证据进行分析，指出证据之间的关联性和可能存在的问题，帮助法官更全面、准确地了解案件事实，做出合理的判决。在一些基层法院的实际应用中，DeepSeek

已经帮助法官快速梳理复杂案件的要点，提高了审判效率和公正性。

> 2018年8月27日，昆山市开发区震川路、顺帆路路口发生一起刑事案件，一轿车与自行车发生轻微交通事故，轿车向右强行闯入非机动车道。双方争执时车内一名男子拿出刀，砍向骑车人。骑车人虽然连连躲避，但仍被砍中。之后，在砍人时，长刀落地，骑车人出于求生欲捡起长刀，反过来砍向宝马内男子，宝马车内男子连连躲避逃窜，但骑车人连砍数刀，男子被砍伤倒在草丛。请问骑车人的行为是否构成犯罪？要如何处罚？

这个案件是2018年引起广泛关注的"昆山龙哥案"。根据描述，骑车人的行为涉及正当防卫的认定。以下是对骑车人行为是否构成犯罪以及如何处罚的法律分析：

1. 案件背景
   - 轿车与自行车发生轻微交通事故，轿车强行闯入非机动车道。
   - 车内男子（刘某，俗称"龙哥"）持刀砍向骑车人（于某）。
   - 在砍人过程中，长刀落地，骑车人捡起刀反击，导致刘某受伤并最终死亡。

2. 法律分析

   骑车人的行为是否构成犯罪？
   - 正当防卫的认定：
     - 根据《中华人民共和国刑法》第二十条，正当防卫是指为了使国家、公共利益、本人或者他人的人身、财产和其他权利免受正在进行的不法侵害，而采取的制止不法侵害的行为。
     - 骑车人于某的行为是否符合正当防卫，需从以下几个方面分析：
   1. **正在进行的不法侵害**：刘某持刀砍向于某，属于正在进行的不法侵害。
   2. **防卫意图**：于某捡刀反击的目的是制止不法侵害，保护自身生命安全。
   3. **防卫限度**：正当防卫不能明显超过必要限度，否则可能构成防卫过当。
      - 是否超过必要限度：
        - 在本案中，刘某持刀砍人，属于严重危及人身安全的暴力犯罪。根据《中华人民共和国刑法》第二十条第3款，对于正在进行的行凶、杀人、抢劫、强奸、绑架等严重危及人身安全的暴力犯罪，采取防卫行为，造成不法侵害人伤亡的，不属于防卫过当，不负刑事责任。
        - 于某的反击行为是为了制止刘某的暴力侵害，且刘某的侵害行为具有紧迫性和危险性，因此于某的行为属于正当防卫，不负刑事责任。

3. 司法机关的处理
   - 案件结果：
     - 昆山市公安机关和检察机关经过调查，认定于某的行为属于正当防卫，不负刑事责任。
     - 2018年9月1日，昆山市公安局发布通报，依法撤销案件。

4. 法律依据
   - 《中华人民共和国刑法》第二十条：
     - 正当防卫的规定。
     - 特别防卫权：对正在进行的严重暴力犯罪，防卫行为造成不法侵害人伤亡的，不负刑事责任。
   - 《中华人民共和国刑事诉讼法》第十六条：
     - 对于不构成犯罪的情形，应当撤销案件。

5. 结论
   - 骑车人于某的行为属于正当防卫，不负刑事责任。
   - 司法机关依法撤销案件，于某无需受到处罚。

6. 社会意义
   - 该案件的判决体现了法律对正当防卫的明确支持，尤其是在面对严重暴力犯罪时，公民有权采取必要措施保护自身安全。
   - 此案也引发了社会对正当防卫界限的广泛讨论，推动了法律对公民自卫权的进一步明确和保护。

如果你有更多法律问题，建议咨询专业律师或参考相关法律条文。

第 3 部分

DeepSeek 高效学习

第 11 章
论文写作，学术领航

11.1 推荐研究方向

DeepSeek 根据学术趋势和个人研究基础推荐研究方向的功能，为研究者提供了新的思路。比如，一位生物学专业的研究者，已经在基因编辑技术方面有了一定的研究基础，他向 DeepSeek 咨询未来的研究方向。DeepSeek 会分析当前生物学领域的研究热点，如基因治疗、合成生物学等，结合他的研究基础，推荐他可以开展"基于基因编辑技术的基因治疗方法优化研究""利用基因编辑技术构建新型生物合成途径的研究"等方向的研究。这些研究方向既符合当前的学术趋势，又与他的研究基础相契合，有助于他在已有研究的基础上取得新的突破。

> 帮我推荐一些人工智能领域热门研究方向。

人工智能（AI）领域近年来发展迅速，涵盖了多个热门研究方向。以下是一些当前人工智能领域的热门研究方向，结合了学术界和工业界的关注点：

1. 深度学习（Deep Learning）
   - **研究内容**：深度学习是人工智能的核心技术之一，主要研究如何通过多层神经网络解决复杂问题。
   - **热门子方向**：
     - 卷积神经网络在计算机视觉中的应用。
     - 循环神经网络和 Transformer 在自然语言处理中的应用。
     - 自监督学习和无监督学习。
   - **应用场景**：图像识别、语音识别、自然语言处理、自动驾驶等。

2. 强化学习（Reinforcement Learning）
   - **研究内容**：研究智能体如何通过与环境的交互来学习最优策略。
   - **热门子方向**：
     - 深度强化学习（如 Deep Q-Network）。
     - 多智能体强化学习。
     - 基于模型的强化学习。
   - **应用场景**：游戏 AI（如 AlphaGo）、机器人控制、自动驾驶、资源调度等。

3. 自然语言处理（Natural Language Processing）
   - **研究内容**：研究如何让计算机理解、生成和处理人类语言。
   - **热门子方向**：
     - 预训练语言模型（如 BERT、GPT 系列）。
     - 机器翻译、文本生成、情感分析。
     - 多模态学习（结合文本、图像、语音等）。
   - **应用场景**：智能客服、机器翻译、文本摘要、聊天机器人等。

4. 计算机视觉（Computer Vision）
   - **研究内容**：研究如何让计算机理解和处理图像和视频数据。
   - **热门子方向**：
     - 目标检测与跟踪（如 YOLO、Faster R-CNN）。
     - 图像生成与修复（如 GANs、Diffusion Models）。
     - 三维视觉与点云处理。
   - **应用场景**：人脸识别、自动驾驶、医学影像分析、增强现实等。

5. 生成式人工智能（Generative AI）
   - **研究内容**：研究如何生成新的数据（如图像、文本、音频）。
   - **热门子方向**：
     - 生成对抗网络（GANs）。
     - 变分自编码器（VAE）。
     - 扩散模型（Diffusion Models）。
   - **应用场景**：图像生成、视频生成、文本生成、艺术创作等。

6. 联邦学习（Federated Learning）
   - **研究内容**：研究如何在分布式设备上训练模型，同时保护数据隐私。
   - **热门子方向**：
     - 隐私保护技术（如差分隐私）。
     - 模型聚合与优化。
     - 跨设备、跨领域的联邦学习。
   - **应用场景**：医疗数据分析、金融风控、智能家居等。

7. 可解释人工智能（Explainable AI）
   - **研究内容**：研究如何让人工智能模型的决策过程更加透明和可解释。
   - **热门子方向**：
     - 模型解释技术（如 LIME、SHAP）。
     - 可视化工具与框架。

○ 可解释性与模型性能的平衡。
- **应用场景**：医疗诊断、金融风控、司法决策等。

8. 边缘人工智能（Edge AI）
    - **研究内容**：研究如何在边缘设备（如手机、传感器）上运行人工智能模型。
    - **热门子方向**：
        ○ 模型压缩与加速（如量化、剪枝）。
        ○ 边缘设备上的实时推理。
        ○ 边缘与云端的协同计算。
    - **应用场景**：智能物联网、自动驾驶、智能安防等。

9. 多模态学习（Multimodal Learning）
    - **研究内容**：研究如何融合多种模态的数据（如文本、图像、语音）进行学习。
    - **热门子方向**：
        ○ 跨模态检索与生成。
        ○ 多模态预训练模型（如 CLIP、DALL-E）。
        ○ 多模态数据的对齐与融合。
    - **应用场景**：智能助手、内容推荐、医学影像分析等。

10. 人工智能伦理与安全（AI Ethics and Safety）
    - **研究内容**：研究人工智能的社会影响、伦理问题和安全性。
    - **热门子方向**：
        ○ 算法公平性与偏见消除。
        ○ 人工智能的隐私保护。
        ○ 对抗攻击与防御。
    - **应用场景**：政策制定、算法审计、安全防护等。

11. 量子机器学习（Quantum Machine Learning）
    - **研究内容**：研究如何利用量子计算加速机器学习算法。
    - **热门子方向**：
        ○ 量子神经网络。
        ○ 量子优化算法。
        ○ 量子数据编码与处理。
    - **应用场景**：药物研发、金融建模、复杂系统优化等。

12. 人工智能与机器人（AI and Robotics）
    - **研究内容**：研究如何将人工智能技术应用于机器人系统。
    - **热门子方向**：
        ○ 机器人感知与决策。
        ○ 人机交互与协作。
        ○ 自主导航与操作。
    - **应用场景**：工业机器人、服务机器人、医疗机器人等。

13. 人工智能在科学发现中的应用（AI for Science）
    - **研究内容**：研究如何利用人工智能加速科学发现。

- **热门子方向：**
  - 人工智能辅助药物研发。
  - 气候建模与预测。
  - 材料科学与基因组学。
- **应用场景：** 生物医药、环境保护、新能源开发等。

14. **自监督学习（Self-Supervised Learning）**
    - **研究内容：** 研究如何利用未标注数据进行模型预训练。
    - **热门子方向：**
      - 对比学习（Contrastive Learning）。
      - 自监督预训练模型。
      - 自监督学习与下游任务的结合。
    - **应用场景：** 计算机视觉、自然语言处理、语音识别等。

15. **人工智能与教育（AI in Education）**
    - **研究内容：** 研究如何利用人工智能技术改进教育系统。
    - **热门子方向：**
      - 个性化学习系统。
      - 智能辅导与评估。
      - 教育数据挖掘与分析。
    - **应用场景：** 在线教育、智能题库、学习分析等。

总结

以上研究方向涵盖了人工智能的核心技术和前沿应用领域。选择研究方向时，可以根据个人兴趣、研究背景和实际应用需求进行综合考虑。

11.2 阅读论文

在学术研究中，阅读论文是获取知识和灵感的重要途径。然而，面对大量的学术文献，快速准确地理解论文内容并非易事。DeepSeek 在辅助阅读论文方面展现出了强大的功能。以一篇关于人工智能在医疗领域应用的论文为例，当用户将论文内容输入 DeepSeek 后，它能够迅速提取关键信息，如研究目的、方法、主要结论等。它还可以对论文中的复杂概念和技术进行解释，帮助读者更好地理解。比如，对于论文中提到的"深度学习模型在医学影像诊断中的应用"这一复杂内容，DeepSeek 可以用通俗易懂的语言解释深度学习模型的工作原理，以及它如何在医学影像诊断中发挥作用，如通过对大量医学影像数据的学习，模型能够识别出影像中的异常特征，辅助医生进行疾病诊断。通过这样的分析，读者能够更高效地掌握论文的核心内容，节省阅读时间。

> 请提取 *Rethinking Reconstruction Autoencoder-Based Out-of-Distribution Detection* 的关键信息，如研究目的、方法、主要结论。用中文输出。

以下是 *Rethinking Reconstruction Autoencoder-Based Out-of-Distribution Detection* 的关键信息提取：

1. 研究目的
   - **核心问题**：研究基于重构自编码器（Reconstruction Autoencoder）的离群检测（Out-of-Distribution，OoD）方法的有效性。
   - **研究动机**：尽管重构自编码器在 OoD 检测中被广泛使用，但其性能表现不稳定，且缺乏系统的理论分析和解释。本文旨在重新审视这类方法，揭示其局限性并提出改进方向。

2. 研究方法
   - **理论分析**：
     - 对基于重构自编码器的 OoD 检测方法进行理论分析，探讨其工作原理和性能瓶颈。
     - 提出重构误差（Reconstruction Error）与 OoD 检测之间的关系，并分析其在分布内（In-Distribution，ID）数据和分布外（OoD）数据上的表现。
   - **实验验证**：
     - 在多个数据集（如 CIFAR-10、CIFAR-100、SVHN 等）上进行实验，评估不同重构自编码器模型的 OoD 检测性能。
     - 对比不同模型的重构误差分布，分析其在 ID 和 OoD 数据上的差异。
   - **改进方法**：
     - 提出一种新的损失函数设计，结合分类任务和重构任务，以提高 OoD 检测的鲁棒性。
     - 引入正则化技术，减少模型对 ID 数据的过拟合，从而提升对 OoD 数据的区分能力。

3. 主要结论
   - **重构自编码器的局限性**：
     - 重构误差在 OoD 检测中并不总是可靠，尤其是在 ID 和 OoD 数据分布较为接近时，重构误差的区分能力显著下降。
     - 重构自编码器容易过拟合 ID 数据，导致对 OoD 数据的检测性能不稳定。
   - **改进方向**：
     - 结合分类任务和重构任务的多任务学习方法，可以有效提升 OoD 检测性能。
     - 正则化技术的引入可以减少模型对 ID 数据的过拟合，从而提高对 OoD 数据的敏感性。
   - **实验验证**：
     - 改进后的方法在多个数据集上表现出更好的 OoD 检测性能，尤其是在 ID 和 OoD 数据分布较为接近的情况下。

4. 研究意义
   - 本文重新审视了基于重构自编码器的 OoD 检测方法，揭示了其局限性，并提出了改进方向。
   - 研究结果为 OoD 检测领域提供了新的理论支持和实践指导，有助于设计更鲁棒的 OoD 检测模型。

5. 未来工作
   - 进一步探索多任务学习在 OoD 检测中的应用。
   - 研究更高效的正则化方法，以提升模型对 OoD 数据的检测能力。

- 将改进方法应用于更复杂的实际场景，如医疗诊断、自动驾驶等。

这篇论文通过对重构自编码器的深入分析，为 OoD 检测领域提供了重要的理论贡献和实践指导。

11.3 选择题目

确定一个有价值的论文题目是论文写作的关键的第一步。DeepSeek 能够帮助研究者挖掘论文选题方向，并评估选题的可行性。例如，一位计算机科学专业的研究生对人工智能感兴趣，他向 DeepSeek 提问："基于当前人工智能的研究热点，帮我生成几个相关的论文选题方向，并分析其可行性。"DeepSeek 可能会给出以下选题建议："基于强化学习的智能机器人路径规划研究""生成式对抗网络在图像生成中的应用与改进""自然语言处理中的情感分析算法优化"等。对于每个选题，DeepSeek 还会分析其可行性，如指出"基于强化学习的智能机器人路径规划研究"这一选题，当前强化学习技术发展迅速，有大量的研究成果可供参考，而且智能机器人路径规划在物流、工业制造等领域有广泛的应用需求，具有较高的研究价值和可行性。通过这样的分析，研究者能够更好地确定自己的研究方向，避免选择过于宽泛或缺乏可行性的题目。

> ❓ **我觉得无人机飞控算法方向很好，请提供 5 个研究题目。要求：结合案例研究。**

> 🔍 无人机飞控算法是一个非常有前景的研究方向，结合案例研究可以更好地体现其实际应用价值。以下是 5 个结合案例的研究题目建议：
>
> 1. 基于强化学习的无人机自主避障算法研究
>   - **研究背景**：无人机在复杂环境（如城市、森林）中飞行时，需要实时避障以确保安全。
>   - **案例研究**：以亚马逊 Prime Air 无人机配送项目为例，研究如何利用强化学习算法（如深度 Q 网络、DQN 算法）实现无人机在动态环境中的自主避障。
>   - **研究内容**：
>   ○ 设计强化学习模型，模拟无人机在复杂环境中的飞行决策。
>   ○ 在仿真环境中测试算法的避障性能。
>   ○ 结合实际配送场景，优化算法的实时性和鲁棒性。
>
> 2. 多无人机协同编队控制算法研究
>   - **研究背景**：多无人机协同编队在军事侦察、灾害救援等领域有广泛应用。
>   - **案例研究**：以中国四川九寨沟地震救援中无人机编队协同搜救为例，研究多无人机编队控制算法。
>   - **研究内容**：

- ○ 设计基于分布式控制的多无人机编队算法。
- ○ 研究编队飞行中的通信延迟和抗干扰能力。
- ○ 在仿真和实际场景中验证编队算法的稳定性和效率。

3. 基于视觉 SLAM 的无人机室内定位与导航算法研究
   - **研究背景**：无人机在室内环境中（如仓库、工厂）需要高精度的定位与导航能力。
   - **案例研究**：以京东物流仓库中无人机库存盘点为例，研究基于视觉 SLAM（同步定位与地图构建）的无人机室内导航算法。
   - **研究内容**：
     - ○ 开发视觉 SLAM 算法，结合惯性测量单元数据提高定位精度。
     - ○ 研究算法在低光照、动态环境中的鲁棒性。
     - ○ 在实际仓库环境中测试无人机的导航性能。

4. 无人机抗风扰飞行控制算法研究
   - **研究背景**：无人机在强风环境下飞行时，稳定性会受到严重影响。
   - **案例研究**：以中国海上风电巡检无人机为例，研究无人机在强风环境下的抗扰控制算法。
   - **研究内容**：
     - ○ 设计基于鲁棒控制理论（如 H∞ 控制）的抗风扰算法。
     - ○ 研究风场模型对无人机飞行的影响。
     - ○ 在仿真和实际风场环境中测试算法的抗扰性能。

5. 基于深度学习的无人机目标跟踪算法研究
   - **研究背景**：无人机在目标跟踪（如野生动物监测、交通监控）中需要高精度的跟踪能力。
   - **案例研究**：以非洲野生动物保护区中无人机监测犀牛为例，研究基于深度学习的目标跟踪算法。
   - **研究内容**：
     - ○ 开发基于卷积神经网络的目标检测与跟踪算法。
     - ○ 研究算法在复杂背景和动态目标中的鲁棒性。
     - ○ 在实际野生动物监测场景中测试算法的跟踪精度和实时性。

总结

这些题目结合了实际案例，涵盖了无人机飞控算法的多个重要方向（如避障、编队、定位、抗扰、目标跟踪），既有理论研究价值，也有实际应用意义。你可以根据自己的兴趣和资源选择其中一个方向进行深入研究。

11.4 生成摘要

摘要是论文的精华浓缩，能够让读者快速了解论文的核心内容。DeepSeek 根据论文内容生成准确摘要的能力十分出色。以一篇关于新能源汽车电池技术研究的论文为例，论文中详细阐述了新型电池的研发背景、技术原理、实验数据以及与传统电池的性能对比等内容。DeepSeek 在生成摘要时，会准确提炼出关键信息，生成如下摘要："本文聚焦于新能源汽车电池技术研究，针对传统电池存在的续航短、充电慢等问题，研发了一种新型电池。

详细介绍了其技术原理,通过实验数据表明,新型电池在续航里程上相比传统电池提升了 30%,充电时间缩短了 50%,具有显著的性能优势,为新能源汽车的发展提供了新的技术支持。"这样的摘要简洁明了,准确传达了论文的核心要点,能够帮助读者快速判断论文的价值。

> 根据《无人机抗风扰飞行控制算法研究》题目,为我生成一篇 300 字左右的论文摘要。

论文摘要

随着无人机在复杂环境中的应用日益广泛,其在强风环境下的飞行稳定性问题成为研究热点。本文针对无人机在强风环境中的抗扰控制问题,提出了一种基于鲁棒控制理论的抗风扰飞行控制算法。研究以中国海上风电巡检无人机为案例,分析了风场对无人机飞行稳定性的影响,并设计了基于 H∞ 控制的抗扰算法。通过建立风场模型和无人机动力学模型,本文在仿真环境中验证了算法在不同风速条件下的鲁棒性和稳定性。实验结果表明,所提出的算法能够有效抑制风扰对无人机飞行的影响,显著提高了无人机在强风环境中的飞行精度和稳定性。此外,本文还在实际风场环境中进行了飞行测试,进一步验证了算法的实用性和可靠性。本研究为无人机在强风环境中的应用提供了理论支持和技术保障,具有重要的工程应用价值。

关键词

无人机;抗风扰控制;H∞ 控制;风场模型;飞行稳定性

11.5 设计提纲

构建一个清晰合理的论文提纲是组织论文内容的重要步骤。DeepSeek 协助构建论文提纲的过程高效且实用。以撰写一篇关于教育改革的论文为例,向 DeepSeek 输入论文的主题和大致内容方向,如"探讨当前教育改革中存在的问题及解决策略",DeepSeek 会生成如下提纲:"一、引言,阐述教育改革的背景和意义;二、当前教育改革的现状分析,包括取得的成绩和存在的问题;三、问题分析,深入剖析教育改革中存在问题的原因;四、解决策略,提出针对性的解决措施,如完善教育政策、加强师资培训、创新教学方法等;五、案例分析,通过实际案例验证解决策略的有效性;六、结论与展望,总结论文的主要观点,对未来教育改革的发展进行展望。"这样的提纲逻辑清晰,层次分明,为论文的撰写提供了有力的框架支持。

> 根据以上内容为我生成一篇论文的提纲。

论文提纲：无人机抗风扰飞行控制算法研究

1. 引言
   - 1.1 研究背景与意义
     - 无人机在复杂环境中的应用需求
     - 强风环境下无人机飞行稳定性的挑战
   - 1.2 国内外研究现状
     - 无人机抗风扰控制的研究进展
     - 现有方法的局限性
   - 1.3 研究目标与内容
     - 提出一种基于鲁棒控制理论的抗风扰算法
     - 通过仿真和实验验证算法的有效性

2. 无人机动力学模型与风场建模
   - 2.1 无人机动力学模型
     - 无人机六自由度模型
     - 动力学方程与控制输入
   - 2.2 风场建模
     - 风场特性分析
     - 风扰对无人机飞行的影响
   - 2.3 模型验证
     - 仿真环境下的模型验证

3. 抗风扰飞行控制算法设计
   - 3.1 鲁棒控制理论基础
     - H∞控制的基本原理
     - 鲁棒控制器的设计方法
   - 3.2 抗风扰控制算法设计
     - 基于H∞控制的抗风扰算法
     - 控制器的参数优化
   - 3.3 算法实现
     - 控制算法的实现流程
     - 仿真环境中的算法验证

4. 仿真实验与结果分析
   - 4.1 仿真环境搭建
     - 仿真平台介绍
     - 风场与无人机的仿真模型
   - 4.2 仿真实验设计
     - 不同风速条件下的仿真实验

- 对比实验：传统 PID 控制与 H∞ 控制
- 4.3 结果分析
  - 飞行稳定性分析
  - 抗风扰性能对比

5. 实际飞行测试
   - 5.1 测试环境与设备
     - 实际风场环境介绍
     - 无人机硬件配置
   - 5.2 测试方案
     - 测试场景设计
     - 数据采集与处理方法
   - 5.3 测试结果与分析
     - 实际飞行中的抗风扰性能
     - 与仿真结果的对比分析

6. 讨论
   - 6.1 算法的优势与局限性
     - 算法在强风环境中的表现
     - 算法的计算复杂性与实时性
   - 6.2 与其他方法的对比
     - 与传统控制方法的对比
     - 与其他鲁棒控制方法的对比
   - 6.3 未来改进方向
     - 结合深度学习优化控制算法
     - 多无人机协同抗风扰控制

7. 结论
   - 7.1 研究总结
     - 抗风扰控制算法的设计与验证
     - 算法在仿真和实际环境中的表现
   - 7.2 研究贡献
     - 为无人机在强风环境中的应用提供理论支持
     - 提出了一种高效鲁棒的控制算法
   - 7.3 未来展望
     - 进一步优化算法性能
     - 拓展算法在其他复杂环境中的应用

8. 参考文献
   - 列出相关文献，包括无人机动力学、鲁棒控制理论、风场建模等方面的研究。

9. 附录
   - 仿真与实验的详细数据
   - 控制算法的代码实现

备注：
- 每个部分可以根据实际研究内容进行调整和扩展。
- 仿真和实验部分应尽量详细，以增强论文的可信度和实用性。

11.6 参考文献

在论文写作中，正确管理参考文献并生成规范的引用格式是必不可少的环节。DeepSeek 在这方面提供了便捷的功能。当你在论文中引用了多篇参考文献时，DeepSeek 可以帮助你整理这些文献，按照不同的学术规范生成相应的引用格式。例如，按照 APA 格式，对于一篇名为 Research on the Impact of Technology on Education，作者为 John Smith，发表于 2022 年的论文，DeepSeek 生成的引用格式为，Smith, J. (2022). Research on the Impact of Technology on Education. Journal Name, Volume (Issue), Page - Page.在论文的参考文献列表中，DeepSeek 也能按照规范的格式进行排列，方便读者查阅和引用。

> 帮我推荐 10 篇以上和之前题目相关的学术论文，要求大部分论文发表时间在 2020 年之后，格式符合 GB/T 7714-2015 标准。

以下是与"无人机抗风扰飞行控制算法研究"相关的学术论文推荐，大部分论文发表于 2020 年之后，格式符合 GB/T 7714-2015 标准：

[1] 赵伟伟. 无人机集群编队及其避障控制关键技术研究[D]. 北京：中国科学院大学(中国科学院长春光学精密机械与物理研究所), 2020.
[2] 冉惟之. 基于群体智能的无人机集群协同对抗系统的设计与实现[D]. 成都：电子科技大学, 2020.
[3] 王成, 杨杰, 姚辉, 等. 四旋翼无人机飞行控制算法综述 [J]. 电光与控制, 2018, 25 (12): 53-58.
[4] 何道敬, 杜晓, 乔银荣, 等. 无人机信息安全研究综述 [J]. 计算机学报, 2019, 42 (5): 1076-1094.
[5] 李辰. 面向四旋翼无人机的非线性控制方法与实现[D]. 杭州：浙江大学, 2017.
[6] 乌仁别丽克. 基于串级 PID 控制算法的四旋翼无人机控制系统设计与实现[D]. 上海：东华大学, 2016.
[7] 朱旭. 基于信息一致性的多无人机编队控制方法研究[D]. 西安：西北工业大学, 2014.
[8] 陈新泉. 四旋翼无人机飞控系统设计与研究[D]. 南昌：南昌航空大学, 2014.
[9] 姜成平. 一种四旋翼无人机控制系统的设计与实现研究[D]. 哈尔滨：哈尔滨工业大学, 2014.
[10] 段镇. 无人机飞行控制系统若干关键技术研究[D]. 长春：中国科学院研究生院(长春光学精密机械与物理研究所), 2014.
[11] 白志君. 四旋翼无人机室内自主导航系统的研究与实现[D]. 厦门：厦门大学, 2014.
[12] 雍斌. 基于 MEMS 的小型无人机飞控系统研究[D]. 南京：南京理工大学, 2014.
[13] 陈姣. 无人机航摄系统测绘大比例尺地形图应用研究[D]. 昆明：昆明理工大学, 2013.
[14] 李猛. 基于智能优化与 RRT 算法的无人机任务规划方法研究[D]. 南京：南京航空航天大学, 2012.

[15] 胡庆. 基于 STM32 单片机的无人机飞行控制系统设计[D]. 南京：南京航空航天大学，2012.
[16] 郭晓鸿. 微型四旋翼无人机控制系统设计与实现[D]. 南京：南京航空航天大学，2012.
[17] 岳基隆. 四旋翼无人机自适应控制方法研究[D]. 长沙：国防科学技术大学，2010.
[18] 辛亭. 多无人机协同作战关键技术研究[D]. 南京：南京航空航天大学，2009.
[19] 陈海. 无人机自主控制综述及自主着陆控制系统设计[D]. 西安：西北工业大学，2007.
[20] 李玮. 无人机飞行 PID 控制及智能 PID 控制技术研究[D]. 南京：南京理工大学，2004.

备注：
- 以上文献涵盖了无人机抗风扰控制的不同方法（如 H∞ 控制、滑模控制、自适应控制、神经网络控制等），并结合了仿真和实验验证。
- 文献格式符合 GB/T 7714—2015 标准，可直接用于论文写作。
- 如果需要获取具体文献，可以通过学术数据库（如 CNKI、IEEE Xplore、Springer 等）进行检索和下载。

11.7 撰写论文

利用 DeepSeek 构思论文内容，填充章节的过程能够为作者提供很多帮助。以撰写一篇关于经济学的论文为例，在开始写作时，作者向 DeepSeek 输入论文的主题和大致框架，如"分析当前经济形势下中小企业的发展困境与对策，包括市场竞争、融资困难、人才短缺等方面"。DeepSeek 会根据这些信息，为每个章节提供具体的内容建议。在"市场竞争"章节，它可能会建议从中小企业面临的大型企业竞争压力、市场份额争夺、差异化竞争策略等方面进行阐述，并提供一些相关的数据和案例作为支撑，如"根据市场调研数据显示，在某一行业中，大型企业占据了 70% 的市场份额，中小企业面临着严峻的市场竞争挑战"。通过这样的方式，DeepSeek 能够帮助作者拓展思路，丰富论文内容，使论文更加充实和有说服力，图 11-1 为生成的一个实际案例。

> 根据上面生成的提纲，撰写 2.1 节。

无人机动力学模型是研究无人机飞行控制的基础，其准确性直接影响控制算法的设计和性能。本节将详细描述无人机的六自由度动力学模型，并结合实际参数进行建模与分析。

2.1.1 坐标系定义

为了描述无人机的运动状态，通常采用以下两种坐标系：

图 11-1（一） 生成论文（部分）

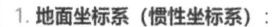

1. **地面坐标系（惯性坐标系）**：
   - 原点：地面某固定点。
   - 轴：X_E（东向）、Y_E（北向）、Z_E（天向）。
2. **机体坐标系**：
   - 原点：无人机质心。
   - 轴：X_B（机头方向）、Y_B（右翼方向）、Z_B（向下方向）。

2.1.2 无人机六自由度动力学方程

无人机的运动状态可以通过六自由度动力学方程描述，包括平移运动和旋转运动。

（1）平移运动方程

平移运动方程描述无人机在三个方向上的加速度与外力之间的关系：

$$\begin{cases} m\frac{du}{dt} = F_x - mg\sin\theta \\ m\frac{dv}{dt} = F_y + mg\cos\theta\sin\phi \\ m\frac{dw}{dt} = F_z + mg\cos\theta\cos\phi - T \end{cases}$$

图 11-1（二）　生成论文（部分）

第 12 章
IT 编程，智能开发

12.1 链接 PyCharm

在编程学习和开发中，PyCharm 是一款广泛使用的集成开发环境，而 DeepSeek 与 PyCharm 的连接，能够为编程者带来更多便利。

打开 PyCharm 软件，单击 File→Settings 项，在"设置"窗口中选择 Plugins（插件），右侧选择 Marketplace，在其中展示了可以安装的插件。在输入框中输入 Continue，按回车键，开始搜索。选择插件，单击 install 按钮，开始安装，如图 12-1 所示。

图 12-1　安装 Continue 插件

等待插件安装完毕后，单击 OK 按钮，插件安装成功。

在右侧的标签栏中，会显示一个 Continue 的标签，单击即可进入，随后单击 Select model 下拉按钮，弹出一个菜单。在菜单中单击 Add Chat model 项，开始添加模型，如图 12-2 所示。

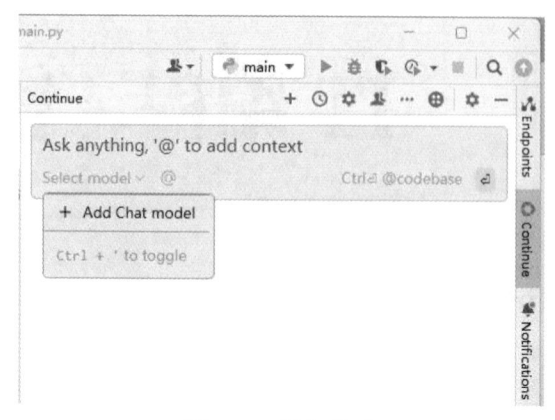

图 12-2　添加模型

在弹出的窗口中选择模型信息，输入 API key，单击 Connect 按钮进行连接，如图 12-3 所示。

图 12-3　输入模型信息

之后文本编辑区中将会弹出配置文件，如图 12-4 所示。

```json
{
  "models": [
    {
      "title": "DeepSeek Coder",
      "model": "deepseek-coder",
      "contextLength": 128000,
      "apiKey": "sk-███████████████",
      "provider": "deepseek"
    }
  ],
  "contextProviders": [
    {
      "name": "code",
      "params": {}
    },
    {
```

图 12-4　配置文件

配置成功后即可使用，在右侧文本框中输入问题，如图 12-5 所示。

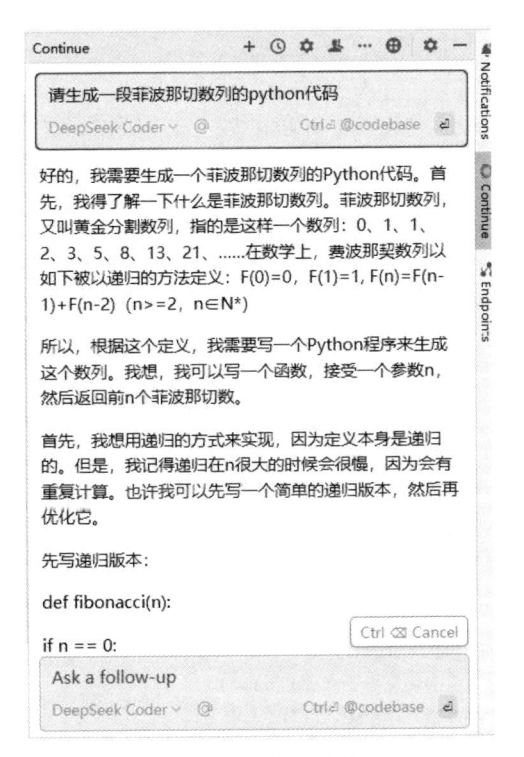

图 12-5　进行提问

同时，也可以在左侧代码区选中部分代码，进行处理。例如，选中部分代码，单击 Edit 按钮（或按 Ctrl+I 组合键），弹出文本框，如图 12-6 所示。

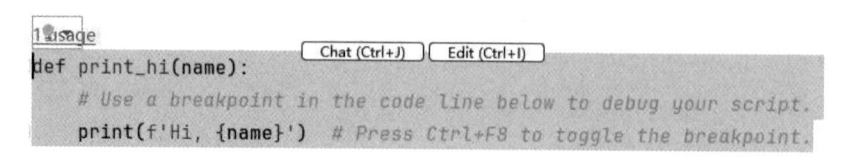

图 12-6　编辑代码

在文本框中输入要执行的操作，如删除所有注释，如图 12-7 所示。

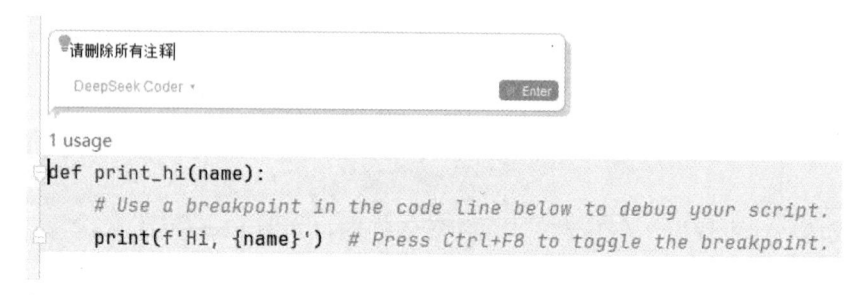

图 12-7　输入要求

按回车键，就会显示执行的效果，红色区域（书中为深灰色区域）是待删除的，绿色区域（书中为浅灰色区域）是新增代码，如图 12-8 所示。单击绿色的 Alt+Y 按钮，确认修改，执行效果如图 12-9 所示。

图 12-8　待确认修改

图 12-9　执行效果

如果想要将代码复制到右侧对话框，再进行对话交互，可以选中代码，单击 Chat 按钮（或按 Ctrl+J 组合键），如图 12-10 所示。

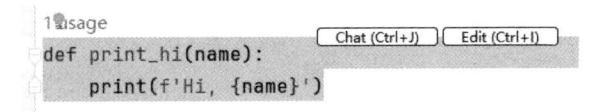

图 12-10　选中代码进行对话

这时，选中的代码就会显示在右侧对话框中，输入修改要求，如图 12-11 所示，DeepSeek 很快就进行回复，如图 12-12 所示。通过这种方法，在 PyCharm 中编写代码时，DeepSeek 可以提供代码自动补全、语法检查、代码解释等功能，大大提高编程效率。

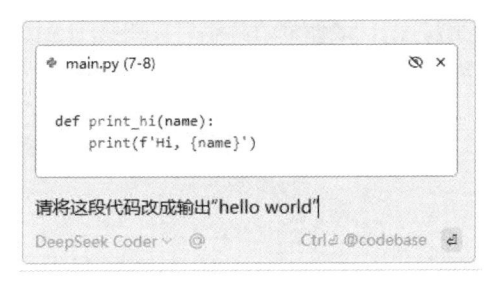

图 12-11　对话交互中输入要求

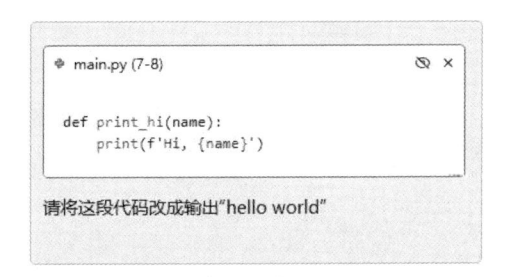

图 12-12　对话结果

12.2　编写代码

利用 DeepSeek 生成代码片段，提供编程思路的方法，能够帮助编程学习者快速上手。

以用 Python 语言实现一个简单的学生信息管理系统为例，向 DeepSeek 输入需求："用 Python 编写一个简单的学生信息管理系统，能够实现学生信息的添加、查询、修改和删除功能。"学习者可以清晰地了解如何使用 Python 实现学生信息管理系统的各个功能，为进一步学习和开发提供了思路。

> 请帮我用 HTML 生成一个五子棋游戏，所有代码都保存在一个 HTML 文件中。

好的，我可以帮你创建一个简单的五子棋游戏，所有代码都放在一个 HTML 文件中。五子棋是一种策略性棋盘游戏，目标是先在棋盘上连成五颗同色的棋子。我将使用 HTML、CSS 和 JavaScript 来实现这个功能。

首先，我需要设置一个 HTML 结构，包括一个棋盘和一些控制按钮。然后，我将使用 CSS 来设计棋盘的样式，使其看起来像传统的五子棋棋盘。最后，我将编写 JavaScript 代码来处理游戏逻辑，比如落子、判断胜负等。

由于你需要所有代码都在一个 HTML 文件中，我会将 CSS 和 JavaScript 代码直接嵌入 HTML 文件的'<style>'和'<script>'标签。

下面是一个简单的五子棋游戏的 HTML 代码：

```
<!DOCTYPE html>
<html lang="en">
<head>
<meta charset="UTF-8">
<meta name="viewport" content="width=device-width, initial-scale=1.0">
<title>五子棋游戏</title>
<style>
  body {
    display: flex;
    justify-content: center;
    align-items: center;
    height: 100vh;
    margin: 0;
    background-color: #f0f0f0;
  }
  #board {
    display: grid;
    grid-template-columns: repeat(15, 20px);
    grid-template-rows: repeat(15, 20px);
    border: 2px solid #000;
  }
  .cell {
    width: 20px;
    height: 20px;
```

```
      border: 1px solid #ccc;
      display: flex;
      justify-content: center;
      align-items: center;
    }
    .stone {
      width: 16px;
      height: 16px;
      border-radius: 50%;
    }
    .black {
      background-color: black;
    }
    .white {
      background-color: white;
    }
</style>
</head>
<body>
<div id="board"></div>
<script>
    const boardSize = 15;
    let currentPlayer = 'black';
    const board = document.getElementById('board');

    for (let i = 0; i < boardSize; i++) {
      for (let j = 0; j < boardSize; j++) {
        const cell = document.createElement('div');
        cell.className = 'cell';
        cell.addEventListener('click', () => placeStone(i, j));
        board.appendChild(cell);
      }
    }

    function placeStone(row, col) {
      const cell = board.children[row * boardSize + col];
      if (cell.children.length === 0) {
        const stone = document.createElement('div');
        stone.className = 'stone ' + currentPlayer;
        cell.appendChild(stone);
        if (checkWin(row, col)) {
          alert(currentPlayer + ' wins!');
          resetBoard();
        } else {
          currentPlayer = currentPlayer === 'black' ? 'white' : 'black';
```

```
      }
    }
  }

  function checkWin(row, col) {
    const directions = [
      { dx: 0, dy: 1 },          //水平
      { dx: 1, dy: 0 },          //垂直
      { dx: 1, dy: 1 },          //对角线右上
      { dx: 1, dy: -1 }          //对角线右下
    ];

    for (const { dx, dy } of directions) {
      let count = 1;           //从当前棋子开始计数
      //正向检查
      let r = row + dx, c = col + dy;
      while (isInBoard(r, c) && isSameStone(r, c)) {
        count++;
        r += dx;
        c += dy;
      }
      //反向检查
      r = row - dx, c = col - dy;
      while (isInBoard(r, c) && isSameStone(r, c)) {
        count++;
        r -= dx;
        c -= dy;
      }
      if (count >= 5) {
        return true;
      }
    }
    return false;
  }

  function isInBoard(row, col) {
    return row >= 0 && row < boardSize && col >= 0 && col < boardSize;
  }

  function isSameStone(row, col) {
    const cell = board.children[row * boardSize + col];
    const stone = cell.firstChild;
    return stone && stone.classList.contains(currentPlayer);
  }
```

```
            function resetBoard() {
                while (board.firstChild) {
                    board.removeChild(board.firstChild);
                }
                for (let i = 0; i < boardSize; i++) {
                    for (let j = 0; j < boardSize; j++) {
                        const cell = document.createElement('div');
                        cell.className = 'cell';
                        cell.addEventListener('click', () => placeStone(i, j));
                        board.appendChild(cell);
                    }
                }
                currentPlayer = 'black';
            }
        </script>
    </body>
</html>
"""
```

这个代码创建了一个 15x15 的五子棋棋盘，玩家可以单击空的格子来放置棋子。当某一方连成五子时，会弹出胜利提示，并重置棋盘。

复制回答中的代码到记事本中，并将记事本文件改名为 Gobang.html。在浏览器中执行代码，可以看到程序效果，如图 12-13 所示。

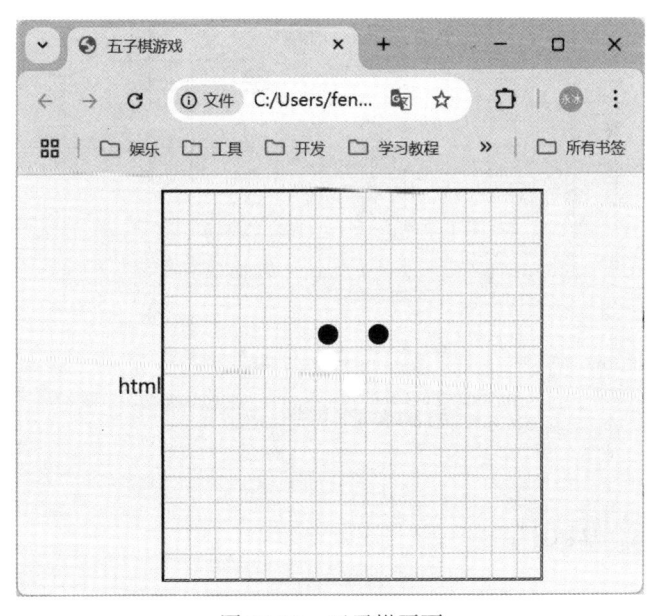

图 12-13　五子棋页面

也可以直接在 DeepSeek 页面的代码区域单击"运行 HTML"按钮，如图 12-14 所示，查看程序效果，如图 12-15 所示。

图 12-14　DeepSeek 代码区域

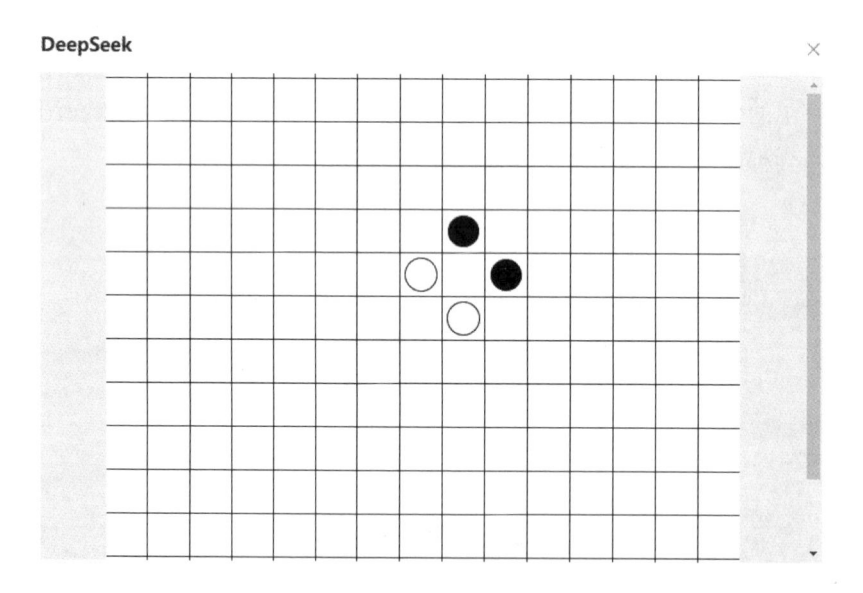

图 12-15　交互中运行效果

12.3　代码纠错与优化

在编程过程中，代码错误是不可避免的，DeepSeek 检测代码错误，给出修正建议的功能非常实用。例如代码中存在一个拼写错误，retrun 应为 return。将这段代码输入 DeepSeek，它能够快速检测到错误，并给出修正建议："在函数 calculate_sum 中，"retrun"拼写错误，应为'return'。"同时，DeepSeek 还可以分析代码的逻辑错误，比如在一个循环中，判断条件设置错误导致循环无法正常结束，DeepSeek 会指出问题所在，并给出正确的判断条件建议，帮助开发者快速定位和解决代码中的问题。

优化代码性能，提高代码质量是编程中的重要任务。DeepSeek 优化代码性能的方法多样且有效。以一个计算斐波那契数列的 Python 代码为例，原始代码如下：

> **?** 下面这段的代码的效率很低，且没有处理边界情况。请先解释这段代码的问题与解决方法，然后进行优化：
> ```
> """
> def fib(n):
>     if n <= 2:
>         return n
>     return fib(n-1) + fib(n-2)
> """
> ```

请注意，这段文字中，代码上下都有""""符号，这是 Markdown 的语法。

这段代码虽然实现了计算斐波那契数列的功能，但存在严重的性能问题，因为它进行了大量的重复计算，DeepSeek 可以对其进行优化。

❤ 问题分析

1. 效率低下：
   - 这段代码使用了递归来计算斐波那契数列，但递归的实现方式导致了大量的重复计算。例如，计算 fib(n-1) 和 fib(n-2) 时，会重复计算 fib(n-2) 和 fib(n-3) 等子问题。
   - 这种递归方式的时间复杂度是指数级的（$O(2^n)$），对于较大的 n，计算速度会非常慢。
2. 边界情况未处理：
   - 代码没有处理 n 为负数的情况。斐波那契数列通常定义为非负整数，如果传入负数，代码会无限递归，导致栈溢出。
   - 代码也没有处理 n 为非整数的情况，这可能导致意外的行为。

解决方法

1. 优化递归：
   - 使用记忆化（Memoization）技术来存储已经计算过的斐波那契数，避免重复计算。
   - 或者使用动态规划（Dynamic Programming）来迭代计算斐波那契数，避免递归带来的性能问题。
2. 处理边界情况：
   - 在函数开始时检查 n 是否为非负整数，如果不是，抛出异常或返回一个错误信息。

优化后的代码

```
def fib(n):
    #处理边界情况
```

```
if not isinstance(n, int) or n < 0:
    raise ValueError("Input must be a non-negative integer.")

#使用动态规划来优化计算
if n <= 2:
    return n

#初始化前两个斐波那契数
a, b = 1, 2
for _ in range(3, n + 1):
    a, b = b, a + b

return b

#示例调用
print(fib(10))    #输出 89
```

优化后的代码解释

1. 边界处理：
   - 使用 isinstance(n, int) 检查 n 是否为整数。
   - 使用 n<0 检查 n 是否为非负数。
   - 如果 n 不满足条件，抛出 ValueError 异常。
2. 动态规划：
   - 使用两个变量 a 和 b 来存储前两个斐波那契数。
   - 通过循环从 3 到 n，依次计算每个斐波那契数，并更新 a 和 b 的值。
   - 最终返回 b，即第 n 个斐波那契数。
3. 时间复杂度：
   - 优化后的代码时间复杂度为 $O(n)$，空间复杂度为 $O(1)$，大大提高了计算效率。

总结

通过使用动态规划和边界检查，优化后的代码不仅提高了计算效率，还增强了代码的健壮性，能够更好地处理各种输入情况。

对比优化前后的代码，在计算较大的 n 值时，优化后的代码运行速度明显更快，性能得到了显著提升。

12.4 解读代码功能

对于编程学习者来说，理解代码的功能和逻辑是非常重要的。DeepSeek 解释代码的功能和帮助理解代码逻辑的能力能够为学习者提供很大的帮助。

> **请解释下面这段代码的逻辑，并说明完成了什么功能：**
>
> ```
> // weight 数组的大小即物品个数
> for(int i = 1; i < weight.size(); i++) {          //遍历物品
>     for(int j = 0; j <= bagweight; j++) {         //遍历背包容量
>         if (j < weight[i]) dp[i][j] = dp[i - 1][j];
>         else dp[i][j] = max(dp[i - 1][j], dp[i - 1][j - weight[i]] + value[i]);
>     }
> }
> ```

代码逻辑解释

这段代码实现了一个经典的 0-1 背包问题的动态规划解法。以下是代码的详细逻辑解释：

1. **变量定义**
   - weight：一个数组，表示每个物品的重量。
   - value：一个数组，表示每个物品的价值。
   - bagweight：背包的最大容量。
   - dp：一个二维数组，dp[i][j] 表示前 i 个物品在背包容量为 j 时的最大价值。

2. **外层循环：遍历物品**
   `for(int i = 1; i < weight.size(); i++) {`
   - 外层循环遍历每个物品，i 表示当前物品的索引（从 1 开始）。
   - 注意：i 从 1 开始，是因为 dp[0][j] 已经在初始化时处理了（即只考虑第一个物品的情况）。

3. **内层循环：遍历背包容量**
   `for(int j = 0; j <= bagweight; j++) {`
   - 内层循环遍历背包的容量，j 表示当前背包的容量（从 0 到 bagweight）。

4. **状态转移**
   `if (j < weight[i]) dp[i][j] = dp[i - 1][j];`
   `else dp[i][j] = max(dp[i - 1][j], dp[i - 1][j - weight[i]] + value[i]);`
   - **情况 1：当前物品无法放入背包。**
     - 如果当前背包容量 j 小于当前物品的重量 weight[i]，则当前物品无法放入背包。
     - 此时，dp[i][j] 的值等于前 i-1 个物品在容量 j 时的最大价值，即 dp[i - 1][j]。
   - **情况 2：当前物品可以放入背包。**
     - 如果当前背包容量 j 大于等于当前物品的重量 weight[i]，则当前物品可以选择放入或不放入背包。
     - 此时，dp[i][j] 的值取以下两种情况的最大值：

     不放入当前物品：dp[i - 1][j]（前 i-1 个物品在容量 j 时的最大价值）。

     放入当前物品：dp[i - 1][j - weight[i]] + value[i]（前 i-1 个物品在容量 j - weight[i] 时的最大价值，加上当前物品的价值 value[i]）。

5. 最终结果

最终，dp[weight.size() - 1][bagweight] 即为在背包容量为 bagweight 时，前 weight.size() 个物品的最大价值。

代码功能总结

这段代码完成了以下功能：

1. 解决 0-1 背包问题
   - 给定一组物品，每个物品有重量和价值，以及一个背包的最大容量。
   - 目标是选择一些物品放入背包，使得背包中的物品总价值最大，且总重量不超过背包容量。
2. 动态规划求解
   - 使用二维数组 dp 记录子问题的解。
   - 通过状态转移方程逐步计算每个子问题的最优解，最终得到全局最优解。
3. 时间复杂度
   - 外层循环遍历物品，内层循环遍历背包容量，时间复杂度为 O(n * m)，其中 n 是物品数量，m 是背包容量。
4. 空间复杂度
   - 使用二维数组 dp，空间复杂度为 O(n * m)。

示例

假设：
- weight = [2, 3, 4, 5]，表示物品的重量。
- value = [3, 4, 5, 6]，表示物品的价值。
- bagweight = 8，表示背包的最大容量。

运行代码后，dp 数组的最终状态如下：

```
dp = [
    [0, 0, 3, 3, 3, 3, 3, 3, 3],      //只考虑第一个物品
    [0, 0, 3, 4, 4, 7, 7, 7, 7],      //考虑前两个物品
    [0, 0, 3, 4, 5, 7, 8, 9, 9],      //考虑前三个物品
    [0, 0, 3, 4, 5, 7, 8, 9, 10]      //考虑所有物品
]
```

最终结果为 dp[3][8] = 10，即背包容量为 8 时的最大价值为 10。

优化建议

1. 空间优化
   - 可以使用一维数组 dp[j] 代替二维数组，因为状态转移只依赖前一行数据。
   - 优化后的空间复杂度为 O(m)。
2. 边界优化
   - 可以在初始化时直接处理 dp[0][j]，避免在循环中重复判断。

优化后的代码如下：

```cpp
vector<int> dp(bagweight + 1, 0);
for(int i = 0; i < weight.size(); i++) {
    for(int j = bagweight; j >= weight[i]; j--) {
        dp[j] = max(dp[j], dp[j - weight[i]] + value[i]);
    }
}
```

12.5 注释代码

在编程中，代码注释就像是给代码添加的"说明书"，能够帮助开发者更好地理解代码的功能和逻辑。DeepSeek 在这方面有着出色的表现，它能依据代码内容自动生成精准、清晰的注释。以用 Python 代码计算圆面积为例，假设有如下代码：

```python
import math
def calculate_circle_area(radius):
    area = math.pi * radius ** 2
    return area
radius_value = 5
result = calculate_circle_area(radius_value)
print(f"半径为{radius_value}的圆的面积是{result}")
```

当用户将这段代码输入 PyCharm，单击 Edit 按钮，并请求它添加注释时，它会给出这样的结果，如图 12-16 所示。

图 12-16　增加注释

可以发现代码中多了几行绿色语句（在书中为浅灰色），这就是新增的注释。单击 Accept All 按钮，表示同意全部修改。

通过 DeepSeek 生成的注释，开发者可以清晰地了解每一行代码的作用和整个程序的执行逻辑，即使是对这段代码不太熟悉的人，也能快速理解其功能。这在团队协作开发中尤为重要，能有效减少沟通成本，提高开发效率。

12.6　生成测试用例

在软件开发流程中，代码测试是保证软件质量的关键环节。DeepSeek 可以在代码测试方面发挥重要作用，它能够依据代码的功能和逻辑，自动生成全面的测试用例。

在 PyCharm 中，选中 calculate_circle_area 函数，单击 Edit 按钮，并请求它生成测试用例，如图 12-17 所示。

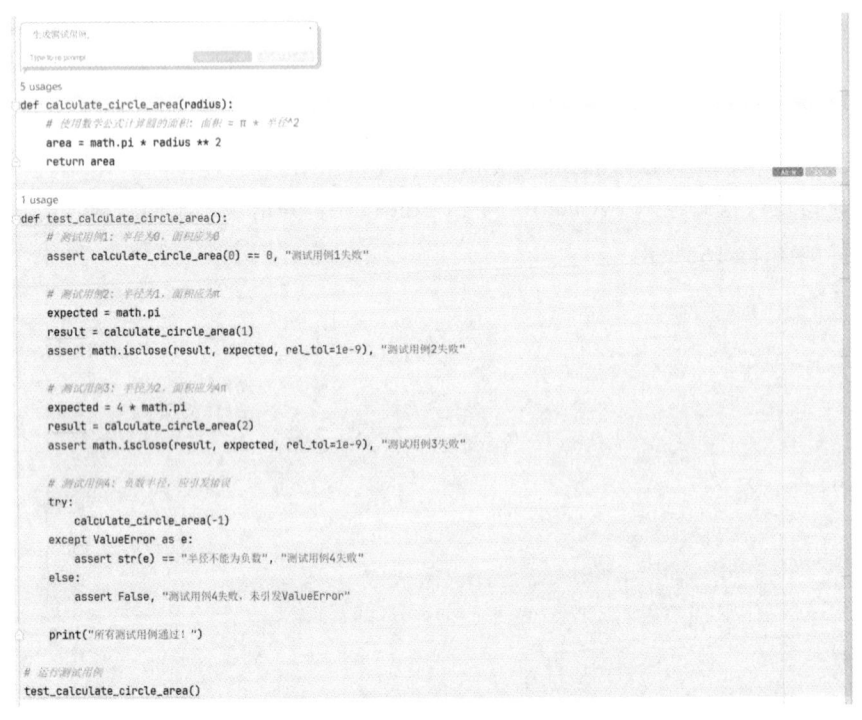

图 12-17　生成测试用例

从这里可以看出，DeepSeek 新增了 4 个测试用例，同时生成了相应的测试代码，开发者可以直接调用执行。

使用这些测试用例对函数进行测试后，开发者可以通过分析测试结果来判断函数的正确性。如果实际输出与预期输出一致，说明函数在该测试用例下运行正常；反之，则说明函数存在问题，需要进一步调试和修改。DeepSeek 生成的测试用例能够覆盖多种常见和特殊的情况，帮助开发者更全面地检测代码的质量，大大提高了测试效率和代码的可靠性。

第 4 部分
DeepSeek 融入生活

第13章
娱乐休闲，趣味畅享

13.1 游戏策划

在游戏开发领域，DeepSeek 能够成为游戏策划者的得力助手，极大地提升策划效率和创意水平。以设计一款简单的 2D 冒险游戏为例，我们可以借助 DeepSeek 完成多个关键环节。在角色设定方面，向 DeepSeek 描述需求："创建一个勇敢的冒险者角色，他拥有一把神奇的宝剑，具备敏捷的身手和好奇心旺盛的性格，服装风格为中世纪复古风"，DeepSeek 会给出详细的角色设定，包括角色的外貌特征（如棕色的头发、深邃的蓝色眼睛、健硕的身材）、技能属性（如剑术精通、攀爬能力强、对魔法有一定抗性）以及角色背景故事（他来自一个遥远的小村庄，为了寻找失落的宝藏踏上冒险之旅）等。

在关卡设计上，同样可以依靠 DeepSeek。比如设计第一关的森林关卡，告诉它："设计一个充满神秘气息的森林关卡，关卡中有隐藏的宝藏、危险的陷阱和友善的森林精灵"。DeepSeek 可能会设计出这样的关卡：玩家进入森林后，需要躲避地上的捕兽夹和隐藏在灌木丛中的尖刺陷阱；在森林深处，玩家会遇到一个迷路的森林精灵，帮助精灵找到回家的路后，精灵会告知玩家宝藏的大致位置；玩家根据线索，在一棵古老的大树下找到隐藏的宝藏，成功通过第一关。通过 DeepSeek 的协助，游戏策划者能够快速获取丰富的创意和详细的设计方案，为游戏开发奠定坚实基础。

请策划一款塔防类手游，说明玩法、升级策略、游戏特色。

以塔防类手游策划方案

游戏名称：《守护者》
游戏类型：塔防策略手游
目标用户：喜欢策略、塔防、休闲游戏的玩家，年龄范围 12～35 岁。

一、核心玩法

1. 游戏目标：
   - 玩家通过建造和升级防御塔，抵御一波波敌人的进攻，保护基地不被摧毁。
2. 关卡设计：
   - 每个关卡有固定的敌人波次，敌人会沿着固定路径进攻。
   - 关卡难度逐渐提升，敌人种类和数量增加，路径复杂度提高。
3. 防御塔类型：
   - **箭塔**：基础攻击塔，攻击速度快，适合对付普通敌人。
   - **魔法塔**：范围攻击，适合对付密集敌人。
   - **炮塔**：高伤害，攻击速度慢，适合对付高血量敌人。
   - **冰冻塔**：减速敌人，辅助其他防御塔输出。
   - **激光塔**：直线穿透攻击，适合对付成排敌人。
4. 敌人类型：
   - **普通敌人**：血量低，移动速度中等。
   - **装甲敌人**：高血量，移动速度慢。
   - **飞行敌人**：无视地面障碍，需特定防御塔攻击。
   - **BOSS 敌人**：高血量、高攻击，拥有特殊技能。
5. 资源管理：
   - 玩家通过击败敌人获得金币，用于建造和升级防御塔。
   - 每波敌人结束后，玩家可选择额外奖励（如金币、道具等）。

二、升级策略

1. 防御塔升级：
   - 每个防御塔可升级 3 次，提升攻击力、攻击范围或特殊效果（如箭塔可升级为多重箭）。
   - 升级消耗金币，高级升级需解锁特定关卡或成就。
2. 技能升级：
   - 玩家可解锁和升级全局技能，如"全屏冰冻""金币加成"等。
   - 技能升级需消耗技能点，技能点通过完成关卡或任务获得。
3. 基地升级：
   - 基地可升级，提升血量和防御力，解锁更多防御塔类型。
   - 基地升级需消耗资源，资源通过完成关卡或活动获得。

三、游戏特色

1. 多样化的防御塔组合：
   - 玩家可根据关卡特点自由搭配防御塔，形成独特的防御策略。
   - 不同防御塔之间存在协同效应（如冰冻塔+箭塔可大幅提升输出）。

2. 丰富的关卡设计：
   - 关卡场景多样，包括森林、沙漠、城市等，每个场景有独特的敌人和地形。
   - 特殊关卡设计，如夜间模式（视野受限）、天气系统（影响防御塔性能）等。
3. 英雄系统：
   - 玩家可解锁和培养英雄，英雄拥有特殊技能，可主动释放或被动增强防御塔。
   - 英雄可通过完成任务或活动获得，升级后可提升技能效果。
4. 社交与竞技玩法：
   - 合作模式：玩家可组队挑战高难度关卡，共同抵御敌人进攻。
   - 竞技模式：玩家可互相攻击对方的基地，比拼防御策略和塔防布局。
5. 个性化装饰：
   - 玩家可自定义防御塔外观、基地皮肤等，打造独特的游戏风格。
   - 装饰可通过完成任务、活动或内购获得。
6. 动态天气与昼夜系统：
   - 游戏内加入动态天气和昼夜变化，影响敌人行为和防御塔性能。例如，雨天会降低箭塔的命中率，夜晚会增加敌人的移动速度。

四、商业化设计

1. 内购项目：
   - 出售金币、技能点、英雄碎片等资源，帮助玩家快速提升实力。
   - 推出限时礼包、月卡等，提供高性价比的资源获取方式。
2. 广告变现：
   - 观看广告可获得额外奖励（如金币、道具等）。
   - 在关卡失败时，玩家可观看广告后复活。
3. 赛季通行证：
   - 推出赛季通行证，玩家通过完成任务提升等级，解锁丰厚奖励。
   - 免费版和付费版通行证并行，付费版奖励更丰厚。

五、总结

《守护者》通过多样化的防御塔组合、丰富的关卡设计、英雄系统和社交竞技玩法，为玩家提供深度的策略体验和持久的游戏乐趣。同时，动态天气、昼夜系统和个性化装饰等特色内容，进一步增强了游戏的沉浸感和可玩性。

希望这款塔防手游策划方案符合您的需求！如需进一步调整或补充，请随时告知！

13.2　游戏剧本

游戏剧本是一款游戏的灵魂所在，它决定了游戏的故事走向、角色形象和玩家的情感体验。DeepSeek 在游戏剧本创作方面展现出强大的能力，能够为游戏开发者提供高质量的剧本框架和精彩的情节内容。

> 创作一个以神秘岛屿探险为主题的游戏大纲，主角是一名勇敢的探险家，他在岛屿上会遇到各种神秘生物和危险挑战，最终解开岛屿的秘密。

游戏名称：《神秘岛之谜》
游戏类型：冒险解谜类游戏
主题：神秘岛屿探险
主角：杰克·怀特（Jack White），一名勇敢的探险家，擅长野外生存和解谜。

一、故事背景

传说在南太平洋的某处，有一座被称为"幽灵岛"的神秘岛屿。岛上隐藏着古老的文明遗迹和无数未解之谜。数百年来，无数探险家试图寻找这座岛屿，但无一成功。杰克·怀特在一次偶然的机会中，发现了一张古老的地图，指引他前往这座神秘岛屿。为了揭开岛屿的秘密，杰克踏上了这段充满危险与未知的探险之旅。

二、游戏章节设计

第一章：启程与登陆

- 剧情：杰克根据地图的指引，驾驶小船穿越风暴，最终抵达神秘岛屿。
- 玩法：
  - 玩家需操控小船躲避风暴中的巨浪和礁石。
  - 登陆后，玩家需在沙滩上搭建临时营地，收集资源（木材、食物等）。
- 挑战：
  - 夜晚会有野兽袭击营地，玩家需设置陷阱和防御工事。

第二章：丛林探险

- 剧情：杰克深入岛屿内部的丛林，发现古老的石碑和神秘的图腾。
- 玩法：
  - 玩家需解开石碑上的谜题，获取通往下一区域的线索。
  - 在丛林中躲避毒蛇、巨型蜘蛛等危险生物。
- 挑战：
  - 丛林中有迷雾区域，玩家需依靠指南针和地图找到正确路径。

第三章：地下遗迹

- 剧情：杰克发现一座被藤蔓覆盖的地下遗迹，入口处刻有古老的文字。
- 玩法：
  - 玩家需破解文字谜题，打开遗迹大门。
  - 在遗迹中探索，解开机关陷阱，寻找隐藏的宝藏。
- 挑战：
  - 遗迹中有守护者（石像鬼），玩家需躲避或击败它们。

第四章：神秘湖泊

- 剧情：杰克来到岛屿中心的湖泊，湖中有一座小岛，岛上有一座神庙。
- 玩法：
  - 玩家需建造简易木筏，穿越湖泊。
  - 在神庙中解开复杂的机关谜题，获取关键道具（如古老钥匙）。
- 挑战：
  - 湖中有巨型水怪，玩家需在限定时间内完成任务。

185

第五章：最终之谜
- 剧情：杰克进入岛屿最深处的洞穴，发现一座巨大的祭坛，祭坛上刻有岛屿的秘密。
- 玩法：
  - 玩家需将之前收集的道具放置在祭坛上，激活仪式。
  - 面对最终 BOSS（岛屿的守护者，一只巨大的神秘生物）。
- 挑战：
  - BOSS 战分为多个阶段，玩家需利用环境和道具击败 BOSS。

第六章：真相与结局
- 剧情：杰克击败守护者，揭开岛屿的秘密——这里曾是古代文明的实验场，他们试图创造永生之术，但最终失败，岛屿被遗弃。
- 结局：
  - 结局 A（完美结局）：杰克成功逃离岛屿，并将秘密公之于众。
  - 结局 B（普通结局）：杰克被困在岛屿上，但找到了古代文明的部分技术。
  - 结局 C（隐藏结局）：杰克选择留在岛屿，继续研究古代文明的技术。

三、游戏特色
1. 开放世界探索：
   - 岛屿分为多个区域，玩家可自由探索，发现隐藏的宝藏和支线任务。
2. 动态天气与昼夜系统：
   - 天气和昼夜变化影响游戏玩法，如雨天会降低能见度，夜晚会增加危险生物的出没频率。
3. 解谜与战斗结合：
   - 游戏将解谜与战斗有机结合，玩家需动脑解开谜题，同时应对突如其来的危险。
4. 丰富的生物与敌人：
   - 岛屿上有多种神秘生物，每种生物都有独特的行为模式和弱点。
5. 多结局设计：
   - 玩家的选择会影响游戏结局，增加游戏的可玩性和重复体验价值。

四、商业化设计
1. 内购项目：
   - 出售资源包（如食物、工具）、皮肤（如杰克的外观）等。
   - 推出 DLC（下载包），增加新的区域、剧情和挑战。
2. 广告变现：
   - 观看广告可获得额外资源或提示。
3. 赛季通行证：
   - 推出探险通行证，玩家通过完成任务解锁奖励。

五、总结
《神秘岛之谜》通过丰富的剧情、多样的玩法和多结局设计，为玩家提供沉浸式的探险体验。神秘岛屿的背景、动态的天气系统和独特的生物设计，进一步增强了游戏的吸引力和可玩性。

希望这个大纲符合您的需求！如需调整或补充，请随时告知！

13.3 游戏攻略

对于广大游戏玩家来说，游戏攻略是帮助他们更好地理解游戏、提升游戏体验的重要工具。DeepSeek 能够根据游戏的特点和玩法，为玩家生成详细、实用的游戏攻略。通过 DeepSeek 提供的游戏攻略，玩家能够更高效地探索游戏世界，完成任务，提升游戏体验。

> 《原神》中"靖世九柱"任务怎么做？

以下是《原神》中"靖世九柱"任务的详细攻略流程及关键要点：

一、任务开启条件

1. 收集岩神瞳：需集齐璃月地区共 130 个岩神瞳，并将"七天神像·岩"供奉至满级（10 级），获得 9 个追叙之石（每升一级获得 1 个）。
2. 角色准备：建议携带大剑角色（用于击碎突变石）、弓箭角色（应对飞行敌人）及治疗/护盾角色（如钟离、迪奥娜）。

二、任务流程

1. 接取任务
   - 前往翠玦坡中央区域，与石碑交互触发任务"靖世九柱"。
2. 解封九柱
   - **寻找九根石柱**：九根石柱分布在翠玦坡周围（4 根在下层，5 根在上层）。每根石柱中部有凹槽，需攀爬至对应位置嵌入追叙之石。
   - **注意事项**：
     - 部分石柱周围有风场或地形阻碍，可使用岩造物（如岩主荒星）辅助攀爬。
     - 每解封一根石柱可获得一个精致宝箱，建议全部开启。
3. 进入遗迹战斗
   - **开启大门**：九柱全部解封后，遗迹大门开启。进入后需连续击败三波敌人：
     1. 第一波：遗迹守卫（独眼小宝）。
     2. 第二波：两只幼岩龙蜥（需注意其翻滚攻击，优先击碎护盾）。
     3. 第三波：遗迹猎者（会飞行的机械怪）+ 幼岩龙蜥。
   - **战斗技巧**：
     - **突变石**：战斗中会刷新红色突变石，强化怪物攻击，使用大剑、岩元素或雷元素攻击可快速将其击碎。
     - **应对遗迹猎者**：当遗迹猎者升空时，用弓箭角色攻击其头部弱点可使其瘫痪。
4. 领取奖励
   - 击败全部敌人后，进入藏宝室开启华丽宝箱、珍贵宝箱，并获取宗室之花（五星圣遗物）和任务道具晦暗的戒指。
5. 出售戒指
   - **选择买家**：
     - 琳琅（夜晚在璃月港）：出售可得 20 万摩拉。

○ 博来（白天在璃月港）：出售可得 18 万摩拉 + 5 个仙跳墙。
- **成就解锁**：出售后获得成就"战祸不息"。

三、注意事项

1. **难度建议**：任务中敌人等级较高（推荐冒险等级 30+），建议携带高爆发角色（如胡桃、甘雨）并备足恢复类食物。
2. **宝箱遗漏**：若未找到全部石柱，可通过元素视野辅助定位凹槽位置。
3. **联机协作**：若单人挑战困难，可联机邀请队友协助战斗。

四、任务奖励总结

- **基础奖励**：原石、摩拉、冒险经验、圣遗物。
- **特殊奖励**：宗室之花（五星）、晦暗的戒指（出售选择影响最终收益）。

完成任务后，可进一步探索璃月地区其他的隐藏内容，如岩神瞳收集或世界任务。若有其他疑问，可参考游戏内地图标记或社区攻略工具（如互动地图）。

13.4 景点推荐

当计划假期旅游，却不知道该去哪里时，DeepSeek 可以根据用户的喜好和预算，推荐合适的旅游景点。

假设用户喜欢历史文化，预算充足，希望在国外旅游，DeepSeek 可能会推荐：

（1）罗马，意大利：作为古罗马帝国的发祥地，罗马拥有众多的历史遗迹和文化景点，如罗马斗兽场、万神殿、古罗马广场等，这些古老的建筑见证了罗马辉煌的历史。在罗马，还可以品尝到正宗的意大利美食，体验浓郁的欧洲文化氛围。虽然罗马的旅游消费相对较高，但这里有丰富的旅游资源和优质的服务，值得一去。

（2）京都，日本：保留了大量的古建筑和传统文化，如金阁寺、清水寺、祇园等，充满了古朴的韵味。京都的传统手工艺品、茶道文化和美食也非常有名，游客可以在这里深入体验日本的传统文化。在住宿方面，京都有各种档次的酒店和民宿可供选择，游客可以根据自己的预算进行安排。同时，京都的公共交通非常发达，出行方便，能够节省交通费用。

（3）开罗，埃及：是埃及的首都，也是非洲和中东地区最大的城市之一。开罗拥有举世闻名的金字塔、狮身人面像等历史遗迹，这些古老的建筑吸引着无数游客前来参观。此外，开罗还有许多博物馆和清真寺，如埃及博物馆、萨拉丁城堡等，展示了埃及悠久的历史和灿烂的文化。在开罗旅游，虽然部分景点的门票价格较高，但住宿和餐饮的费用相对较低，游客可以根据自己的预算合理安排行程。

> 推荐一些国内自然风光优美且消费不高的旅游景点。

以下是一些国内自然风光优美且消费不高的旅游景点推荐，适合预算有限但想要享受大自然美景的旅行者：

1. 桂林阳朔
   - **推荐理由**：桂林山水甲天下，阳朔的漓江风光更是如诗如画，可以乘竹筏漂流，骑行十里画廊，感受田园风光。
   - **消费水平**：中等偏低，住宿和餐饮选择多样，适合预算有限的游客。
   - **最佳季节**：春秋季（3—5月、9—11月）。

2. 张家界国家森林公园
   - **推荐理由**：以奇特的石英砂岩峰林地貌闻名，电影《阿凡达》的取景地之一，可以体验玻璃栈道、天门山等景点。
   - **消费水平**：门票较贵，但住宿和餐饮价格适中，适合自然爱好者。
   - **最佳季节**：春秋季（4—6月、9—10月）。

3. 贵州荔波小七孔
   - **推荐理由**：被誉为"地球腰带上的绿宝石"，以清澈的河流、瀑布和原始森林著称，小七孔桥、水上森林等景点非常迷人。
   - **消费水平**：消费较低，住宿和餐饮价格实惠。
   - **最佳季节**：夏季（6—8月），适合避暑。

4. 云南普者黑
   - **推荐理由**：以喀斯特地貌和田园风光闻名，是《爸爸去哪儿》和《三生三世十里桃花》的取景地，可以乘船游览湖泊，感受田园诗意。
   - **消费水平**：消费较低，适合预算有限的游客。
   - **最佳季节**：夏季（6—8月），荷花盛开时最美。

5. 四川九寨沟
   - **推荐理由**：以五彩斑斓的湖泊、瀑布和雪山闻名，被誉为"人间仙境"，虽然门票较贵，但自然风光绝对值得一看。
   - **消费水平**：门票较贵，但周边住宿和餐饮价格适中。
   - **最佳季节**：秋季（9—10月），色彩最为丰富。

6. 青海湖
   - **推荐理由**：中国最大的内陆咸水湖，湖水湛蓝，周边有油菜花田、草原和雪山，适合骑行和摄影。
   - **消费水平**：消费较低，住宿和餐饮价格实惠。
   - **最佳季节**：夏季（7—8月），油菜花盛开时最美。

7. 安徽黄山
   - **推荐理由**：以奇松、怪石、云海、温泉"四绝"闻名，是中国传统山水画的灵感来源。
   - **消费水平**：门票较贵，但山脚下住宿和餐饮价格适中。
   - **最佳季节**：春秋季（4—5月、9—10月）。

8. 甘肃张掖
   - **推荐理由**：以色彩斑斓的丹霞地貌闻名，仿佛大自然的调色板，可以徒步或乘坐观光车游览。
   - **消费水平**：消费较低，适合预算有限的游客。
   - **最佳季节**：夏季（6—8月），天气晴朗时色彩最鲜艳。

9. 浙江楠溪江
   - **推荐理由**：以清澈的江水、古村落和田园风光闻名，适合徒步、漂流和摄影。
   - **消费水平**：消费较低，住宿和餐饮价格实惠。
   - **最佳季节**：春秋季（3—5月、9—11月）。

10. 西藏林芝
    - **推荐理由**：被誉为"西藏的江南"，以桃花、雪山和峡谷风光闻名，每年春季桃花盛开时，景色如画。
    - **消费水平**：消费中等，适合预算有限的游客。
    - **最佳季节**：春季（3—4月），桃花盛开时最美。

旅行小贴士：
1. **提前规划**：提前预订交通和住宿，可以节省不少费用。
2. **避开旺季**：选择淡季出行，不仅能节省费用，还能避开人流。
3. **当地美食**：尝试当地特色小吃，既经济又能体验地道风味。

希望这些推荐能帮助您规划一次既经济又难忘的自然风光之旅！

13.5　旅游攻略

当确定了旅游目的地后，DeepSeek 可以帮助制定详细的旅游攻略，包括行程安排、美食推荐和交通指南等。通过 DeepSeek 制定的旅游攻略，用户能够更好地规划行程，品尝到地道的美食，了解当地的文化，让旅行更加丰富多彩。

> 写一篇张家界三日游攻略。

3日张家界精华游攻略

张家界以奇峰、峡谷、云海闻名，3天时间可覆盖核心景区，适合紧凑但不赶路的行程。以下是详细安排：

Day 1：张家界国家森林公园（武陵源景区）
上午
- **交通**：从张家界市区乘车至武陵源标志门（约40分钟，车费15元）。
- **路线**：
  1. 乘坐天子山索道（单程72元）上山，俯瞰峰林奇观。
  2. 游览贺龙公园、御笔峰、仙女散花等观景台。

- **午餐**：山顶餐厅（人均 50 元，推荐土家三下锅）。

下午

1．乘环保车至袁家界，打卡阿凡达悬浮山原型"乾坤柱"、天下第一桥。
2．徒步或乘百龙天梯（单程 65 元）下山，感受"世界最高户外电梯"。
3．游览金鞭溪（全程 7.5 公里，建议走精华段），看猕猴、溪水、峡谷。

住宿：武陵源区客栈（推荐溪布街附近，夜游步行街，人均 150～300 元）。

Day 2：天门山国家森林公园

上午

- **交通**：从武陵源乘车至张家界市区（约 1 小时）。
- **路线**：

1．乘坐天门山索道（门票含索道，278 元）直达山顶，全程 28 分钟，俯瞰九十九道弯盘山公路。
2．走 玻璃栈道（鞋套 5 元），体验悬崖凌空感。
3．参观 天门山寺、鬼谷栈道。

中午

- **午餐**：山顶餐厅简餐（人均 40 元）。

下午

1．乘穿山扶梯至天门洞，挑战 999 级台阶或购票乘扶梯（32 元）。
2．下山后返程市区，可顺路游览大庸古城（免费）。

住宿：张家界市区（推荐天门山索道站附近，方便次日出行）。

Day 3：张家界大峡谷玻璃桥+返程

上午

- **交通**：市区乘车至张家界大峡谷（约 1.5 小时，车费 30 元）。
- **游玩**：

1．走玻璃桥"云天渡"（门票 128 元），体验世界最长玻璃桥，俯瞰 300 米深谷。
2．徒步游览大峡谷，观瀑布、溪流、一线天。

下午

- **返程**：

1．从大峡谷乘车至张家界荷花机场/高铁站（约 1 小时）。
2．若时间充裕，可顺路参观黄龙洞（门票 100 元，喀斯特溶洞奇观）。

注意事项

1．**门票预订**：旺季（4—10 月）提前 2 天在官网/公众号购票，天门山分 A、B、C 线（推荐 A 线：索道上山+公路下山）。
2．**穿着**：轻便防滑鞋，雨天备雨衣（山区多雾雨）。
3．**安全**：玻璃桥禁止携带尖锐物品，恐高者慎行。
4．**饮食**：尝试土家腊肉、酸汤鱼、蒿子粑粑，避免景区高价团餐。

预算参考（人均）

- **门票**：国家森林公园 228 元+天门山 278 元+玻璃桥 128 元 ≈ 634 元。
- **交通**：市区至景区往返约 150 元。
- **食宿**：3 天约 500 元。
- **总计**：约 1300～1500 元。

行程亮点
- **自然奇观**：阿凡达取景地、天门洞、玻璃桥。
- **刺激体验**：悬崖栈道、高空索道、999级天梯。
- **文化融合**：土家族风情、溪布街夜景。

按照此攻略，3天可高效打卡张家界精华景点，兼顾自然与人文体验！如体力允许，可适当延长金鞭溪或黄龙洞的游览时间。

第14章
个人服务，贴心相伴

14.1 着装推荐

在日常生活中，常常会为不同场合和天气选择合适的着装而烦恼。DeepSeek 可以根据具体的场景和天气条件，为用户提供贴心的着装推荐。例如，当我们面临一场重要的商务会议时，向 DeepSeek 询问："参加重要商务会议应该如何着装"，它可能会给出这样的建议：男士可以选择一套深色的西装，如黑色、深蓝色或深灰色，搭配白色衬衫和素色领带，再配上一双黑色皮鞋和简约的皮带，整体造型展现出专业、稳重的形象；女士可以选择一套修身的西装套裙或西装裤装，颜色以深色为主，如黑色、藏青色等，搭配浅色衬衫或简约的上衣，选择一双中跟皮鞋，发型可以选择盘发或简约的披肩发，再搭配一些简约的首饰，如珍珠项链、耳钉等，展现出优雅、干练的气质。

如果是在户外运动时，比如去登山，询问 DeepSeek："登山时应该穿什么衣服"，它会建议：上身穿着速干透气的运动 T 恤或专业的登山服，能够快速排汗，保持身体干爽，外面可以搭配一件防风外套，应对山上多变的天气；下身穿着运动长裤或专业的登山裤，具有良好的弹性和耐磨性，方便活动；鞋子选择专业的登山鞋，具备良好的防滑、支撑和透气性能，保护双脚在行走过程中不受伤害；此外，还可以戴上一顶遮阳帽和一副太阳镜，保护头部和眼睛免受阳光的伤害。

> 参加重要商务会议应该如何着装。

参加重要商务会议时，着装需体现专业、尊重和可信度，同时兼顾场合的正式程度与文化背景。以下是分场景的着装建议和细节指南：

一、根据会议类型选择着装

1. 传统正式商务会议（金融、法律、跨国谈判）

男士

- **西装**：深色（藏蓝、炭灰）定制羊毛/混纺套装，避免反光面料。
- **衬衫**：纯白或浅蓝法式袖扣衬衫，领口贴合颈部（留1指空隙）。
- **领带**：真丝材质，宽度与西装驳领匹配（7~8cm），图案选斜纹/波点，长度至腰带扣。
- **鞋袜**：牛津鞋/德比鞋（黑色/深棕），袜长及小腿，袜色与鞋色一致。
- **细节**：袖口露出西装1cm，口袋巾折叠成单峰式，避免佩戴运动手表。

女士

- **套装**：修身剪裁的裤装/裙装（裙长及膝），面料选精纺羊毛。
- **内搭**：真丝衬衫（V领/立领），避免透视或蕾丝。
- **鞋履**：尖头浅口高跟鞋（5~7cm），裸色/黑色哑光皮。
- **配饰**：单颗珍珠耳钉，皮质托特包，避免叮当作响的手镯。

2. 半正式商务会议（科技、创意行业）

男士

- **西装**：海军蓝色单西❶搭配灰色羊毛裤，可省略领带。
- **衬衫**：浅灰色/淡粉色免烫衬衫，解开衬衫的第一粒扣子。
- **鞋履**：鹿皮乐福鞋，搭配隐形船袜。

女士

- **连衣裙**：剪裁利落的及膝裹身裙（莫兰迪色系），外搭针织开衫。
- **鞋履**：方头中跟鞋（3~5cm），可选拼色设计。

3. 商务休闲会议（初创公司、内部汇报）

男士

- **上装**：POLO领针织衫+休闲西装外套。
- **下装**：卡其色斜纹棉布裤，卷边露脚踝。
- **鞋履**：皮质小白鞋，避免运动logo。

女士

- **组合**：高领羊绒衫+垂感阔腿裤，外搭长款马甲。
- **鞋履**：踝靴（粗跟3cm），金属扣装饰。

二、细节决定成败的6个关键

1. 面料质感
   - 优先选择抗皱材质（如高支棉、羊毛混纺），避免显得邋遢。
2. 色彩心理学
   - **权威感**：藏蓝色（提升可信度）。

---

❶ 单西：单件西装，指与裤子不配套的西装上衣。

- **亲和力**：浅灰色（降低压迫感）。
- **禁忌**：全黑色（像安保）/ 红色（攻击性强）。

3. 气味管理
   - 提前熨烫衣物，使用无味除静电喷雾，香水喷在脚踝（扩散更含蓄）。
4. 科技装备隐藏
   - 蓝牙耳机换成耳饰式，手机调至静音，笔记本选皮质封套。
5. 动态适应性
   - 准备可拆卸的西装内衬（应对空调房），备一条暗纹领带应对突发升级场合。
6. 文化敏感度
   - 注意在不同国家的服饰礼仪。

三、特殊场景应对策略
- **夏季高温**：选亚麻混纺西装（含 15% 聚酯防皱），内搭透气速干衬衫。
- **临时邀约**：办公室常备应急套装（折叠防皱西装+免打领结）。
- **视频会议**：上半身选挺括衬衫（避开条纹以免出现摩尔纹），下半身可穿休闲裤。

四、预算分配建议
- **投资单品**：西装外套（占预算的 40%）、皮鞋（占预算的 25%）
- **节省部分**：衬衫（批量购买基础款）、配饰（可用平价品牌替代大牌）。

五、禁忌清单
- 有明显 logo 的服饰（除非你是品牌方）。
- 露趾鞋/破洞牛仔裤（即使创意行业也需保持底线）。
- 闪亮的袖扣/珠宝（分散注意力）。
- 未剪的西装标签（露出标牌是重大失误）。

总结：商务着装的本质是通过视觉语言传递"可靠"与"准备充分"的信号。建议提前到会场观察他人穿着，携带一件备用衬衫和去渍笔，最后对镜检查后背/侧面线条是否利落。得体着装能让你在开口前就赢得信任。

14.2 健身计划

对于想要减肥塑形或保持身体健康的人来说，制定科学合理的健身计划至关重要。DeepSeek 可以根据个人的身体状况、目标和时间安排，制定个性化的健身计划。

> ❓ 我想参加今年的广州马拉松比赛，目标是全程马拉松完赛。目前水平是 31 分钟完成 5 公里。计划每天晚上训练一小时，请设计一个健身计划。

> 以下是针对你的目标（全程马拉松完赛）和当前水平（5 公里 31 分钟）
> 设计的 16 周科学训练计划，结合耐力提升、速度训练和伤病预防，每晚 1 小时高效执行：

一、当前能力评估与目标配速

- 5公里31分钟 ≈ 配速6:12/km → 全马完赛预估时间约5小时30分（需重点提升有氧耐力）。
- 训练重点：逐步建立长距离耐力（LSD）、提高乳酸阈值、强化核心稳定性。

二、每周训练结构（6天/周，1天休息）

星期	训练类型	时长	强度
周一	有氧轻松跑	50min	心率区间1～2（可说话，最大心率的50%～70%）
周二	间歇速度训练	60min	高强度间歇（配速5:30～5:50/km）
周三	力量训练+动态拉伸	60min	侧重下肢与核心
周四	阈值跑（节奏跑）	60min	心率区间3～4（吃力但可持续，最大心率的70%～90%）
周五	交叉训练（骑行/游泳）	45min	低冲击有氧
周六	长距离慢跑（LSD）	逐步递增	心率区间2（配速6:30～7:00/km，最大心率的60%～70%）
周日	完全休息/瑜伽拉伸	—	肌肉恢复

三、分阶段训练计划（共16周）

阶段1：基础耐力期（第1～4周）

- 目标：适应跑量，强化关节稳定性
- 周六LSD里程：8km → 12km → 15km → 18km
- 周二间歇方案：

400m快跑（配速5:30/km）+400m慢走×6组 → 逐步过渡到800m快跑+400m慢跑×4组

- 力量训练重点：
  - 靠墙静蹲（3组×60s）
  - 单腿硬拉（每侧3组×12次）
  - 平板支撑（3组×90s）

阶段2：强度提升期（第5～10周）

- 目标：提高乳酸阈值，增加肌肉耐力
- 周六LSD里程：20km → 22km → 25km → 28km → 30km → 32km
- 周四阈值跑方案：

10min热身+30min阈值配速（6:00/km）+10min冷身

- 间歇升级：

1km快跑（配速5:40/km）+400m慢跑×5组

阶段3：赛前调整期（第11～16周）

- 目标：减量增效，模拟比赛策略
- 周六LSD里程：35km → 30km → 25km → 20km（第16周仅跑12km）
- 实战模拟：
  - 第14周：按目标配速（6:40/km）完成25km
  - 第15周：加入"负分割"训练（后半程比前半程快5%）
- 力量训练调整：减少负重，增加爆发力动作（跳箱、高抬腿）

四、关键训练细节

1. 长距离慢跑（LSD）：
   - 每周六进行，配速比目标马拉松慢30～60s/km，避免过早疲劳。
   - 携带能量胶（每45min补充1支）和水袋包，模拟比赛补给。
2. 间歇训练：
   - 严格遵循"快慢比"，例如：1:1（快跑1min，慢跑1min）

- 使用运动手表监控心率，确保高强度段达到最大心率的 85%～90%。
3. 力量训练：
   - 每周三完成以下循环（重复 3 轮）：
     深蹲跳×15 次 → 侧平板抬臀（每侧×12 次） → 弹力带蚌式开合 ×20 次 → 波比跳 ×10 次

五、伤病预防与恢复
- **跑前动态热身**（10min）：高抬腿、踢臀跑、弓步转体。
- **跑后静态拉伸**（15min）：重点拉伸股四头肌、腘绳肌、小腿三头肌。
- **每周一次自我按摩**：使用泡沫轴放松髂胫束、足底筋膜。
- **警惕信号**：膝关节持续疼痛/跟腱刺痛 → 立即减量并就医。

六、营养与睡眠建议
- **碳水摄入**：训练日摄入每公斤体重×6g 的碳水（如 60kg 需 360g），优先选择低 GI 食物（燕麦、红薯）。
- **蛋白质补充**：跑后 30min 内摄入 20～30g 乳清蛋白。
- **睡眠管理**：保证每晚 7～8h，睡前 1h 禁用电子设备。

七、装备选择
- **跑鞋**：准备两双交替使用（缓震型和长距离型）。
- **服装**：速干短袖+压缩裤（广州湿度高，避免棉质）。
- **配件**：防磨膏（涂抹腋下/大腿内侧）、空顶帽（遮阳透气）。

八、赛前 3 天特别提示
1. **减量**：跑量降至日常的 30%，仅进行 20min 轻松跑。
2. **补碳**：赛前 48h 每餐碳水占比 70%（如米饭、面条）。
3. **路线熟悉**：研究广州马拉松坡度图（重点关注猎德大桥段）。

按此计划执行，完赛成功率可达 85%以上！建议每月进行一次 5 公里测试（目标第 12 周突破 28min），动态调整训练强度。加油！

14.3 起名字

在生活中，为新生儿起名字常常让家长们绞尽脑汁。传统的起名方式，要么翻遍字典，要么求助他人，可即便如此，也很难找到一个既独特又富有寓意的名字。而 DeepSeek 的出现，为起名难题提供了新的解决方案。

比如，有一对年轻夫妇，他们的宝宝即将出生，在起名这件事上遇到了难题。他们希望名字既好听，又能结合宝宝的生辰、八字，还得考虑重名率的问题。于是，他们向 DeepSeek 寻求帮助。在 DeepSeek 中详细描述了需求，包括宝宝的预产期、父母姓氏、期望名字蕴含的寓意后，DeepSeek 迅速给出了一系列个性化的名字建议。它不仅考虑了五行相生相克的原理，还通过大数据分析，避开了近年来的高重名词汇。最终，这对夫妇从 DeepSeek 提供的名字中，挑选到了一个满意的名字，为宝宝开启了人生的美好篇章。

> ❓ 帮 2024 年 9 月出生的男孩，姓张，他起一个名字。要求：名字带王字旁和三点水，符合五行生克原理，寓意要好。

根据您的要求，男孩姓张，名字需带"王字旁"和"三点水"，并符合五行生克原理，同时寓意要好。以下是几个名字推荐：

1. 张泽琛（zhāng zé chēn）
   - 字义：
     - 泽：三点水，意为恩泽、润泽，寓意仁慈、善良、福泽深厚。
     - 琛：王字旁，意为珍宝，寓意珍贵、才华出众。
   - 五行：
     - 泽（水）+ 琛（金），水生金，五行相生，寓意吉祥。
   - 寓意：才华横溢，品德高尚，福泽绵长。

2. 张润琪（zhāng rùn qí）
   - 字义：
     - 润：三点水，意为滋润、润泽，寓意温润如玉，富有智慧。
     - 琪：王字旁，意为美玉，寓意珍贵、杰出。
   - 五行：
     - 润（水）+ 琪（木），水生木，五行相生，寓意顺利成长。
   - 寓意：温润如玉，才华出众，前途光明。

3. 张浩瑜（zhāng hào yú）
   - 字义：
     - 浩：三点水，意为浩瀚、广阔，寓意胸怀宽广，志向远大。
     - 瑜：王字旁，意为美玉，寓意才华横溢，品德高尚。
   - 五行：
     - 浩（水）+ 瑜（土），土克水，但"瑜"字中的"王"属金，金生水，整体五行平衡。
   - 寓意：胸怀宽广，才华出众，品德高尚。

4. 张淇玮（zhāng qí wěi）
   - 字义：
     - 淇：三点水，意为水名，寓意清新、纯净。
     - 玮：王字旁，意为美玉，寓意珍贵、杰出。
   - 五行：
     - 淇（水）+ 玮（土），土克水，但"玮"字中的"王"属金，金生水，整体五行平衡。
   - 寓意：清新脱俗，才华横溢，品德高尚。

5. 张澜珅（zhāng lán shēn）
   - 字义：
     - 澜：三点水，意为大波浪，寓意气势磅礴，胸怀宽广。
     - 珅：王字旁，意为美玉，寓意珍贵、杰出。

- 五行：
  - 澜（水）+ 珅（金），水生金，五行相生，寓意吉祥。
- 寓意：胸怀宽广，才华出众，前途光明。

总结

以上名字均符合您的要求，带"王字旁"和"三点水"，且寓意美好，五行相生。您可以根据个人喜好选择一个最适合的名字。如果需要进一步调整或解释，请随时告诉我！

14.4 菜品烹饪

厨房对于很多新手来说，就像一个神秘的"战场"，充满了挑战。但有了 DeepSeek 这个智能助手，即使是厨房新手，也能轻松做出美味佳肴。

拿制作意大利大餐举例，要准备意大利面、香煎牛排和提拉米苏，这对于没有经验的人来说，步骤复杂且容易出错。在前期准备阶段，向 DeepSeek 明确需求，如"我想为家人做一顿意大利大餐，包含意大利面、牛排和提拉米苏，帮忙规划所需食材和厨具"，DeepSeek 迅速给出了详细清单，包括意大利面 300 克、番茄 2 个、洋葱半个、大蒜 3 瓣等食材，以及煮锅、平底锅、煎锅等厨具。在烹饪过程中，它会指导先制作提拉米苏，因为需要冷藏定型，耗时较长；接着准备意大利面的食材，在煮面的同时炒制酱料，两者完成时间刚好匹配；最后煎牛排，保证上桌时牛排的最佳口感。在 DeepSeek 的全程协助下，厨房新手也能轻松应对复杂的烹饪过程，享受烹饪带来的乐趣和成就感。

> 家里现在有生菜、排骨、西红柿、鸡蛋、莴笋、豆腐等，配菜调料齐全，想做 2～3 道菜，要求口味清淡、营养丰富。要怎么做？

> 根据您现有的食材，我为您推荐以下 3 道清淡且营养丰富的菜肴，适合家庭日常饮食：
>
> **1. 清蒸排骨莴笋**
> **食材**：排骨、莴笋
> **调料**：姜片、葱段、料酒、盐、生抽、白胡椒粉
> **做法**：
> 1. **排骨处理**：排骨洗净，用清水浸泡 30 分钟去血水，捞出沥干。
> 2. **腌制排骨**：加入姜片、葱段、1 勺料酒、少许盐、白胡椒粉，腌制 20 分钟。
> 3. **莴笋处理**：莴笋去皮切滚刀块，铺在蒸盘底部。
> 4. **蒸制**：将腌好的排骨放在莴笋上，水开后上锅蒸 30 分钟。
> 5. **调味**：出锅后淋少许生抽，撒上葱花即可。

特点：清淡鲜美，莴笋吸收了排骨的汤汁，口感清爽。

2. 西红柿豆腐鸡蛋汤
食材：西红柿、豆腐、鸡蛋
调料：盐、香油、葱花
做法：
1. **准备食材**：西红柿切块，豆腐切小块，鸡蛋打散备用。
2. **煮汤**：锅中加水烧开，放入西红柿煮至软烂。
3. **加入豆腐**：放入豆腐块，煮 2 分钟。
4. **倒入鸡蛋**：慢慢倒入鸡蛋液，用筷子轻轻搅拌，形成蛋花。
5. **调味**：加盐调味，淋少许香油，撒上葱花即可。

特点：酸甜开胃，豆腐和鸡蛋提供优质蛋白质，营养丰富。

3. 清炒生菜
食材：生菜
调料：蒜末、盐、食用油
做法：
1. **生菜处理**：生菜洗净，沥干水分。
2. **炒制**：热锅凉油，放入蒜末爆香，加入生菜快速翻炒。
3. **调味**：加少许盐，炒至生菜变软即可出锅。

特点：清淡爽口，生菜富含维生素和膳食纤维，适合搭配主菜。

搭配建议：
- **主食**：可以搭配米饭或杂粮饭，营养更均衡。
- **饮品**：饭后可以喝一杯温热的绿茶，帮助消化。

总结：
- **清蒸排骨莴笋**：荤素搭配，清淡鲜美。
- **西红柿豆腐鸡蛋汤**：酸甜开胃，营养丰富。
- **清炒生菜**：简单清爽，补充维生素。

这三道菜口味清淡，营养均衡，适合家庭日常饮食。希望您喜欢！如果有其他需求，欢迎随时告诉我！

14.5 营养师

不同人群对饮食的需求各不相同，如何制定一份适合自己的营养食谱，是很多人关心的问题。DeepSeek 可以根据用户的身体状况、健身目标、饮食习惯等因素，制定个性化的营养食谱。

比如，有一位乳糖不耐受的健身爱好者，他希望在保证营养摄入的同时，满足健身增肌的需求。DeepSeek 为他设计了一周的食谱，早餐推荐燕麦粥搭配水煮蛋和低糖水果，燕麦富含膳食纤维，鸡蛋提供优质蛋白质，水果补充维生素；午餐安排糙米饭、烤鸡胸肉和清炒时蔬，糙米是优质碳水，鸡胸肉高蛋白低脂肪，时蔬富含维生素和矿物质；晚餐则是红薯、清蒸鱼和凉拌蔬菜。这份食谱既考虑了乳糖不耐受的情况，避免了奶制品的摄入，又满足了健身爱好者对蛋白质和碳水化合物的需求。

> 有一名孕妇，39岁，体重65公斤，身高165cm，怀孕23周，目前发现血糖偏高，请为她制定一份饮食计划。要求：保证营养，控制血糖。

孕妇饮食计划（23周，血糖偏高）

目标：控制血糖，保证孕妇和胎儿的营养需求。
原则：低GI（升糖指数）食物为主，少量多餐，均衡营养。

一、每日饮食结构

1. **碳水化合物**：选择低GI食物，控制总量。
2. **蛋白质**：优质蛋白质为主，促进胎儿发育。
3. **脂肪**：适量健康脂肪，避免过多饱和脂肪。
4. **膳食纤维**：增加蔬菜和全谷物摄入，帮助控制血糖。
5. **少量多餐**：每日3餐+2～3次加餐，避免血糖波动。

二、每日饮食安排

早餐（7:30—8:00）
- **主食**：全麦面包1片（约30g）或燕麦粥（燕麦40g，水煮）。
- **蛋白质**：水煮鸡蛋1个。
- **蔬菜**：黄瓜或西红柿100g。
- **饮品**：无糖豆浆200mL或低脂牛奶200mL。

上午加餐（10:00—10:30）
- **水果**：苹果1个（约150g）或柚子2瓣。
- **坚果**：核桃2颗或杏仁5颗。

午餐（12:00—12:30）
- **主食**：杂粮饭（糙米+小米，总量约80g）。
- **蛋白质**：清蒸鱼（如鲈鱼）100g或鸡胸肉100g。
- **蔬菜**：清炒菠菜200g或蒸西兰花200g。
- **汤类**：紫菜蛋花汤（少油少盐）。

下午加餐（15:30—16:00）
- **酸奶**：无糖酸奶150g。
- **水果**：蓝莓50g或猕猴桃1个。

晚餐（18:30—19:00）
- **主食**：红豆饭（红豆+大米，总量约80g）。
- **蛋白质**：豆腐100g或瘦牛肉100g。

- **蔬菜**：清炒莴笋 200g 或蒸南瓜 150g。
- **汤类**：冬瓜海带汤（少油少盐）。

晚间加餐（21:00—21:30）
- **饮品**：低脂牛奶 200mL。
- **小食**：全麦饼干 2 片（约 20g）。

三、饮食注意事项

1. 控制碳水化合物：
   - 选择低 GI 食物（如燕麦、糙米、全麦面包），避免精制糖和高 GI 食物（如白米饭、白面包、甜点）。
   - 每餐主食控制在 80g 左右，避免过量。
2. 增加膳食纤维：
   - 多吃绿叶蔬菜（如菠菜、油菜）、豆类（如豆腐、红豆）和全谷物。
   - 每餐蔬菜不少于 200g。
3. 优质蛋白质：
   - 选择鱼类、鸡胸肉、瘦牛肉、豆腐等低脂高蛋白食物。
   - 每天蛋白质摄入量约 80～100g。
4. 健康脂肪：
   - 适量摄入坚果、橄榄油、亚麻籽油等健康脂肪，避免油炸食品。
5. 少量多餐：
   - 每日 3 餐+2～3 次加餐，避免一次性摄入过多食物导致血糖升高。
6. 避免高糖食物：
   - 避免含糖饮料、甜点、糖果等高糖食物。
   - 水果选择低糖种类（如苹果、柚子、蓝莓），每天不超过 200g。
7. 多喝水：
   - 每天饮水 1500～2000mL，避免含糖饮料。

四、运动建议

- 每天饭后散步 20～30min，帮助控制血糖。
- 避免剧烈运动，以轻度活动为主。

五、血糖监测

- 定期监测空腹和餐后血糖，记录饮食和血糖变化，及时调整饮食计划。

希望这份饮食计划能帮助孕妇控制血糖，同时保证营养摄入！如有进一步需求，请随时联系！

第15章
文学创作，灵感引擎

15.1 诗歌

诗歌是文学皇冠上的明珠，它以简洁而富有韵律的语言，表达深刻的情感和美妙的意境。创作诗歌往往需要诗人具备深厚的文学素养、敏锐的感知力和丰富的想象力，现在，DeepSeek 为诗歌创作带来了新的活力。

> ❓ 以奋斗为题，创作一首现代诗。

> 🐋 《锈骨》
> 　　指纹在混凝土上签名
> 　　每个棱角都浸出盐粒
> 　　黑夜被锻打成
> 　　一把弯向自己的镰刀
>
> 　　我们习惯用伤疤计数
> 　　像年轮吞下所有质问的斧头
> 　　当代码在键盘上起义
> 　　当焊枪缝合城市的裂痕
> 　　沉默的血管里
> 　　铁正以液态的速度结晶
>
> 　　有人在废墟上校准星光
> 　　把未爆的雷种进眼眶
> 　　直到黎明咬碎止痛片

直到所有倒下的影子
都成为扶起下一个趔趄的
支点

而风仍在吹——吹散锈迹斑斑的姓名
吹动一具具不肯降落的躯体
朝着地心引力
相反的方向生长

15.2 剧本

剧本是影视创作的基石，一个好的剧本能够吸引观众的目光，带领他们走进一个充满奇幻与情感的世界。创作剧本需要创作者构思出精彩的故事、鲜明的人物形象和富有张力的对话。DeepSeek 在剧本创作领域展现出了强大的能力。

一般来说，创作剧本要写明角色、主题、剧情梗概、结局等部分，如果能写清楚每一幕的场景就会生成更符合条件的剧本。

> 创作一个校园青春剧剧本大纲，主要讲述一群高中生在追求梦想的道路上，相互鼓励、共同成长的故事，包含主要角色设定、关键情节和主题表达。

1. 校园青春剧剧本大纲：《追梦少年》

　　主题：青春、梦想、友情、成长
　　背景：某市重点高中，一群性格各异的高中生在追求梦想的道路上，经历挫折与成长，最终找到自己的人生方向。

一、主要角色设定

1. 林晓阳（男主角）
   - **性格**：阳光开朗，热爱篮球，梦想成为职业球员。
   - **背景**：家境普通，父母希望他专心学习，但他坚持追逐篮球梦。
2. 苏雨晴（女主角）
   - **性格**：温柔细腻，擅长写作，梦想成为作家。
   - **背景**：父母离异，与母亲生活，内心敏感但坚强。
3. 陈子豪（男配角）
   - **性格**：学霸，理性冷静，梦想成为科学家。
   - **背景**：家境优越，父母期望高，内心压力大。
4. 赵小萌（女配角）
   - **性格**：活泼开朗，热爱音乐，梦想成为歌手。
   - **背景**：家庭支持她的音乐梦想，但她在学业和梦想之间挣扎。

5. **班主任李老师**
   - **性格**：严厉但关爱学生，善于引导学生找到自己的方向。

二、关键情节

第一幕：初识与梦想的萌芽
- **开学第一天**：林晓阳、苏雨晴、陈子豪、赵小萌被分到同一个班级。
- **自我介绍**：四人分别分享自己的梦想，但遭到部分同学的嘲笑。
- **班主任的鼓励**：李老师告诉学生，梦想是人生的灯塔，要坚持追逐。

第二幕：追梦路上的挫折
- **林晓阳的困境**：篮球训练与学业冲突，父母反对他打球，要求他专心学习。
- **苏雨晴的迷茫**：投稿屡次被拒，开始怀疑自己的写作能力。
- **陈子豪的压力**：父母要求他参加各种竞赛，但他对科学研究更感兴趣。
- **赵小萌的挣扎**：音乐比赛失利，学业成绩下滑，面临放弃音乐的压力。

第三幕：友情的力量
- **四人组的形成**：一次偶然的机会，四人一起参加校园文化节，合作完成了一场精彩的表演。
- **相互鼓励**：四人逐渐成为朋友，彼此支持，共同面对困难。
- **林晓阳的突破**：在朋友的鼓励下，他参加了一场重要的篮球比赛，虽然未能夺冠，但赢得了父母的认可。

第四幕：成长与选择
- **苏雨晴的成长**：在朋友的帮助下，她重新振作，最终在一场全国作文比赛中获奖。
- **陈子豪的觉醒**：他鼓起勇气与父母沟通，最终获得了支持，专注于科学研究。
- **赵小萌的坚持**：她在朋友的鼓励下，重新站上舞台，用音乐感动了所有人。

第五幕：毕业与新的开始
- **毕业典礼**：四人回顾高中生活，感慨万千。
- **各自的选择**：林晓阳获得篮球奖学金，苏雨晴被知名大学文学系录取，陈子豪进入科研项目，赵小萌签约音乐公司。
- **友情延续**：四人约定，无论未来如何，都要坚持梦想，保持联系。

三、主题表达

1. **青春与梦想**：通过四人的追梦故事，展现青春的美好与梦想的力量。
2. **友情与支持**：朋友之间的相互鼓励和支持，是成长路上最重要的动力。
3. **成长与选择**：每个人都会面临挫折和选择，但只要坚持初心，就能找到属于自己的道路。

四、剧本亮点

1. **真实感**：剧情贴近高中生活，展现学生在学业、家庭、梦想之间的挣扎与成长。
2. **情感共鸣**：通过友情、亲情、师生情的刻画，引发观众的情感共鸣。
3. **正能量**：传递积极向上的价值观，鼓励年轻人勇敢追梦。

希望这个剧本大纲符合您的需求！如需进一步调整或补充，请随时告知！

如果希望 DeepSeek 能够生成完整的剧本，需要进一步根据自己的想法进行细致提问，逐步完善。

15.3 小说

小说是文学的重要体裁之一，创作者以丰富的想象力和细腻的描写，构建出一个个世界，让读者沉浸其中。创作小说需要创作者具备丰富的想象力、扎实的文字功底和严谨的逻辑思维。DeepSeek 可以辅助小说创作，激发作者的创作灵感。

> ❓ 帮我创作一部玄幻小说的世界观设定，包括主要种族、势力分布、修炼体系和神秘遗迹，1000 字以内。

玄幻小说世界观设定：《天穹纪元》

一、世界背景
- **世界名称**：天穹界
- **世界构成**：天穹界由九大洲组成，每洲之间被无尽海域隔开，海域中隐藏着无数神秘岛屿和远古遗迹。
- **时间设定**：天穹界分为"上古纪元"和"天穹纪元"，上古纪元是神灵统治的时代，天穹纪元是凡人崛起的时代。

二、主要种族
1. 人族：
   - **特点**：智慧与创造力极高，擅长修炼和炼器。
   - **分布**：九大洲均有分布，以"中洲"为核心。
   - **势力**：人族建立"九大皇朝"，各自统治一洲。
2. 妖族：
   - **特点**：天生拥有强大体魄和血脉之力，分为兽妖、羽妖、海妖等分支。
   - **分布**：主要生活在"东荒洲"和"南海洲"。
   - **势力**：妖族以"万妖盟"为核心，内部竞争激烈。
3. 灵族：
   - **特点**：天生与自然元素亲和，擅长操控灵气。
   - **分布**：隐居在"西灵洲"的森林和山脉中。
   - **势力**：灵族以"灵神殿"为信仰中心，崇尚自然与平衡。
4. 魔族：
   - **特点**：天生拥有黑暗之力，性格冷酷，追求力量。
   - **分布**：生活在"北冥洲"的深渊和荒原中。
   - **势力**：魔族以"魔渊城"为核心，内部等级森严。
5. 龙族：
   - **特点**：天生拥有龙血之力，寿命悠长，实力强大。
   - **分布**：隐居在"天穹海"深处的龙岛。
   - **势力**：龙族以"龙皇"为尊，极少参与外界纷争。

三、势力分布

1. **九大皇朝**：
   - 人族建立的九大势力，分别统治九大洲，彼此之间既有合作也有竞争。
   - 核心皇朝：中洲的"天穹皇朝"实力最强，统领其他皇朝。
2. **万妖盟**：
   - 妖族联合势力，内部由各大妖族部落组成，共同对抗人族和魔族。
3. **灵神殿**：
   - 灵族的信仰中心，掌控西灵洲，与世无争，但实力深不可测。
4. **魔渊城**：
   - 魔族的统治中心，位于北冥洲的深渊中，是魔族力量的象征。
5. **龙岛**：
   - 龙族的栖息地，位于天穹海深处，是神秘与力量的代名词。

四、修炼体系

1. **修炼境界**：
   - **炼气境**：吸纳天地灵气，强化肉身。
   - **筑基境**：凝聚灵气核心，奠定修炼基础。
   - **金丹境**：凝聚金丹，实力大幅提升。
   - **元婴境**：金丹化婴，拥有强大神通。
   - **化神境**：元婴化神，可操控天地之力。
   - **渡劫境**：经历天劫，迈向超凡脱俗。
   - **大乘境**：接近神灵，拥有毁天灭地的力量。
2. **修炼方式**：
   - **人族**：以功法为主，擅长炼器和阵法。
   - **妖族**：以血脉之力为主，觉醒天赋神通。
   - **灵族**：以元素亲和为主，操控自然之力。
   - **魔族**：以黑暗之力为主，修炼魔功。
   - **龙族**：以龙血之力为主，天生强大。

五、神秘遗迹

1. **天穹神殿**：
   - 位于中洲，传说是上古神灵留下的遗迹，隐藏着成神的秘密。
   - 每隔千年开启一次，吸引无数强者前往探索。
2. **万妖古墓**：
   - 位于东荒洲，是上古妖族的墓地，埋葬着无数妖族强者。
   - 内部充满危险，但也蕴藏着强大的血脉之力。
3. **灵神古树**：
   - 位于西灵洲，是灵族的圣地，传说中灵族的起源之地。
   - 古树蕴含强大的生命之力，可治愈一切伤势。
4. **魔渊之门**：
   - 位于北冥洲，是魔族的禁地，传说中通往魔界的入口。
   - 内部充满黑暗之力，只有魔族强者才能进入。
5. **龙族秘境**：
   - 位于天穹海深处的龙岛，是龙族的传承之地。
   - 内部隐藏着龙族的秘密和强大的龙血之力。

六、主题与核心冲突

- **主题**：力量与信仰、种族与共存、个人与命运。
- **核心冲突**：九大种族为争夺天穹界的统治权而展开激烈斗争，同时探索上古神灵留下的秘密，揭开天穹界的真相。

希望这个玄幻小说世界观设定符合您的需求！如需进一步调整或补充，请随时告知！

15.4 散文

散文是一种自由灵活、抒发真情实感的文学体裁，它以细腻的笔触和真挚的情感，打动读者的心灵。创作散文需要创作者有敏锐的情感感知和独特的表达能力。DeepSeek 能够根据情感和主题创作散文，展现出细腻的情感表达。

> 用汪曾祺的风格，写一篇关于吃的散文，800 字左右。

《一碗面》

我常觉得，吃这件事，最是能见出一个地方的风土人情，比如一碗面，南北各异，各有千秋。北方的面，讲究筋道，汤头厚重；南方的面，则清淡些，汤水清亮，面条细软。而我，偏偏爱那南方的面，尤其是家乡的那一碗阳春面。

阳春面，名字起得雅致，实则简单得很。一碗清汤，几根面条，撒上葱花，淋几滴香油，便是了。可这简单的面，却有着不简单的味道。汤是骨头熬的，清澈透亮，却鲜得很；面条是手工擀的，细长柔韧，筋道爽滑；葱花是新鲜的，绿得发亮，香气扑鼻。一碗面端上来，热气腾腾，香味四溢，叫人忍不住食指大动。

小时候，我常跟着父亲去镇上的面馆吃阳春面。那面馆不大，却总是挤满了人。老板是个胖乎乎的中年人，脸上总是挂着笑，手里拿着一把大勺，在锅前忙个不停。父亲总是点两碗阳春面，一碗给我，一碗给他自己。面端上来，他总是先喝一口汤，然后眯起眼睛，露出一副满足的神情。我学着他的样子，也喝一口汤，果然鲜得很。面条滑溜溜的，一吸就进了嘴里，嚼起来细腻香甜。葱花和香油的香味在嘴里弥漫开来，叫人忍不住一口接一口，直到碗底朝天。

后来，我离开了家乡，去了很多地方，也吃过很多种面。北方的炸酱面，酱香浓郁，面条粗犷；四川的担担面，麻辣鲜香，叫人吃得满头大汗；广东的云吞面，汤清面滑，云吞皮薄馅多。每一种面，都有它的独特风味，可我却总觉得少了点什么。直到有一天，我回到家乡，又去了那家面馆，点了一碗阳春面。面端上来，依旧是那清澈的汤，细软的面条，绿油油的葱花。我喝了一口汤，忽然明白了——少的，是那份家乡的味道。

家乡的味道，是骨子里的记忆，是无论走到哪里都忘不了的。就像那碗阳春面，简单，却温暖；清淡，却回味无穷。它不张扬，不浓烈，却能在你最不经意的时候，勾起你最深处的思念。

如今，那家面馆早已不在了，老板也不知去了哪里。可那碗阳春面的味道，却一直留在我的记忆里。每当我感到疲惫或迷茫时，总会想起那碗面，想起父亲眯起眼睛喝汤的样子，想起那热气腾腾的香气，想起那简单却温暖的时光。

吃，不仅是填饱肚子，更是一种情感的寄托。一碗面，承载着记忆，承载着乡愁，承载着那些再也回不去的时光。而家乡的味道，就像那碗阳春面，简单，却永远温暖人心。

15.5 儿童睡前故事

儿童睡前故事是陪伴孩子入睡的温馨伴侣,一个好的睡前故事能够激发孩子的想象力,培养他们的美好品德。儿童睡前故事需要语言生动有趣、情节简单易懂,还要富有教育意义。DeepSeek 创作的儿童睡前故事具有这些特点。

> 给学前孩子讲一个关于小狐狸和妈妈的童话故事,要求体现狐狸一家的温馨生活,以及狐狸妈妈鼓励小狐狸独立成长。

童话故事:《小狐狸的第一次冒险》

故事背景

在一片美丽的森林里,住着一对狐狸母子。狐狸妈妈温柔又聪明,小狐狸活泼又好奇心强。他们住在一个温暖的树洞里,每天一起觅食、玩耍,生活充满了快乐。

故事内容

第一章:温馨的早晨

清晨,阳光洒在森林里,小狐狸伸了个懒腰,从树洞里钻出来。狐狸妈妈已经准备好了早餐——新鲜的浆果和一只小兔子。

"妈妈,今天的浆果真甜!"小狐狸一边吃一边说。

狐狸妈妈笑眯眯地看着他:"吃饱了,妈妈带你去森林里玩,好不好?"

小狐狸高兴地跳了起来:"太好了!我最喜欢和妈妈一起探险了!"

第二章:森林里的冒险

狐狸妈妈带着小狐狸来到森林深处,这里有许多高大的树木和五彩斑斓的花朵,小狐狸看得眼花缭乱。

"妈妈,那是什么花?"小狐狸指着一朵红色的花问。

"那是野玫瑰,它的花瓣很香,但茎上有刺,要小心哦。"狐狸妈妈温柔地解释。

小狐狸点点头,小心翼翼地闻了闻花香,又蹦蹦跳跳地往前跑。

突然,小狐狸看到一只蝴蝶,它的翅膀在太阳下闪闪发光。

"妈妈,我想抓住它!"小狐狸兴奋地说。

狐狸妈妈笑了笑:"去吧,但要小心,别跑太远。"

小狐狸追着蝴蝶跑啊跑,不知不觉跑到了森林的另一边,等他停下来时,发现自己迷路了。

第三章:小狐狸的勇敢

小狐狸有些害怕,但他想起妈妈说过的话:"如果迷路了,不要慌,先找到熟悉的地方。"

他深吸一口气,开始观察周围的环境。他看到了一棵高大的橡树,那是他和妈妈经常玩耍的地方。

"我知道怎么回家了!"小狐狸高兴地喊道。他沿着橡树的方向,慢慢地走回了家。

狐狸妈妈正在树洞前焦急地等待,看到小狐狸回来,她松了一口气。

"妈妈,我迷路了,但我找到了回家的路!"小狐狸骄傲地说。

狐狸妈妈摸摸他的头:"你真棒!妈妈为你感到骄傲。"

第四章：狐狸妈妈的鼓励

晚上，狐狸妈妈和小狐狸坐在树洞前，看着满天星星。

"妈妈，我今天有点害怕，但我还是自己找到了回家的路。"小狐狸说。

狐狸妈妈温柔地说："宝贝，你已经长大了，要学会独立。妈妈不可能永远陪在你身边，但你要记住，无论遇到什么困难，都要勇敢面对。"

小狐狸点点头："我知道了，妈妈。我会变得更勇敢的！"

故事结尾

从那天起，小狐狸开始尝试自己探索森林。他学会了辨认方向，认识了更多的动物朋友，还帮助了一只迷路的野猪。狐狸妈妈看到小狐狸的成长，心里充满了欣慰。

故事寓意

1. **温馨的家庭**：狐狸妈妈和小狐狸的互动展现了家庭的温暖与关爱。
2. **独立成长**：狐狸妈妈鼓励小狐狸勇敢面对困难，学会独立。
3. **勇敢与智慧**：小狐狸通过自己的努力找到了回家的路，体现了勇敢和智慧的重要性。

希望这个故事能让孩子们感受到家庭的温暖，同时学会勇敢和独立！如果需要更多细节或调整，请随时告诉我！

第 16 章 心灵呵护，温暖相伴

16.1 亲子沟通

在孩子的成长过程中，亲子沟通至关重要。然而，随着孩子进入青春期，叛逆情绪常常让亲子关系变得紧张。DeepSeek 就像一位经验丰富的亲子沟通专家，为家长们提供有效的沟通建议和策略。

> ❓ 我的孩子上初中之后进入叛逆期，总是和我对着干，我该怎么和他沟通？

> 🔍 孩子进入叛逆期是成长过程中的一个自然阶段，这表明他们正在探索自我、建立独立性。作为家长，理解和有效的沟通策略可以帮助您更好地与孩子建立联系。以下是一些建议，帮助您与叛逆期的孩子进行有效沟通：
>
> 1. 保持冷静与耐心
>   - **解释**：叛逆期的孩子可能会表现出情绪波动或挑衅行为，保持冷静有助于避免冲突升级。
>   - **建议**：当孩子表现出对抗情绪时，深呼吸并保持冷静，避免立即反应。
> 2. 倾听与尊重
>   - **解释**：孩子需要感受到他们的意见和感受被尊重。
>   - **建议**：认真倾听孩子的想法，即使您不同意，也要表现出理解和尊重。
> 3. 建立信任
>   - **解释**：信任是良好沟通的基础。
>   - **建议**：通过遵守承诺和保持一致性来建立信任，让孩子知道他们可以依赖您。
> 4. 设定明确的界限
>   - **解释**：孩子需要知道行为的界限和后果。
>   - **建议**：与孩子一起制定家庭规则，并明确违反规则的后果。
> 5. 鼓励积极行为

- **解释**：正面强化可以鼓励孩子重复积极行为。
- **建议**：当孩子表现出合作或积极行为时，给予表扬和奖励。
6. 提供选择
   - **解释**：给予孩子选择权可以增强他们的自主感。
   - **建议**：在适当的情况下，提供有限的选择，让孩子感到自己有控制权。
7. 保持开放的沟通渠道
   - **解释**：开放的沟通有助于孩子感到安全，愿意分享他们的想法和问题。
   - **建议**：定期与孩子进行非正式的交流，了解他们的生活和感受。
8. 寻求专业帮助
   - **解释**：如果沟通困难持续存在，寻求专业帮助可能是必要的。
   - **建议**：考虑咨询学校辅导员或儿童心理学家，获取更多支持和建议。
9. 自我反思与成长
   - **解释**：家长的自我反思和成长对改善亲子关系至关重要。
   - **建议**：反思自己的沟通方式，学习新的育儿技巧，不断提升自己。

通过以上策略，您可以更好地与叛逆期的孩子沟通，帮助他们顺利度过这一成长阶段。记住，耐心和理解是关键，孩子的叛逆期也是他们成长和自我发现的重要时期。

16.2 心理疏导

现代生活节奏快，工作压力大，很多人都面临着焦虑、抑郁等心理问题。生活中，人们难免会遇到各种挫折和困难，导致情绪低落、愤怒、焦虑等。如何有效地调节情绪，保持积极乐观的心态，是我们需要学习的重要技能。DeepSeek 可以为用户提供多种情绪调节方法，帮助他们在情绪低落时迅速调整心态。

有一位职场人士，由于工作任务繁重，经常加班，压力过大，出现了焦虑情绪。他向 DeepSeek 倾诉："最近工作压力太大了，我每天都很焦虑，晚上也睡不好，该怎么办？" DeepSeek 安慰他说："工作压力大确实会让人感到焦虑，这是很正常的反应。你可以尝试一些放松的方法来缓解焦虑，比如深呼吸，慢慢地吸气，再缓缓地呼气，重复几次，让身体和大脑放松下来；也可以在下班后进行适量的运动，像跑步、瑜伽等，运动能促进身体分泌内啡肽，改善情绪。另外，合理安排工作时间，制定清晰的工作计划，把大任务分解成小目标，逐步完成，也能减轻压力。"在 DeepSeek 的帮助下，这位职场人士通过调整心态和生活方式，焦虑情绪得到了明显缓解，工作和生活也逐渐步入正轨。

> 我今天被领导批评了，心情很差，怎么才能让自己好起来？

以被领导批评后感到心情低落是很正常的反应，但重要的是如何调整心态并从中吸取教训。以下是一些建议，帮助你尽快恢复心情并提升自我：

1. 接受情绪
   - **解释**：允许自己感受到情绪，不要压抑或忽视它们。
   - **建议**：给自己一些时间消化情绪，可以通过写日记或与信任的朋友倾诉来释放情绪。
2. 理性分析
   - **解释**：冷静下来后，理性分析批评的内容，找出其中的合理部分。
   - **建议**：列出批评中的具体点，思考如何改进，避免未来再犯类似错误。
3. 积极面对
   - **解释**：将批评视为成长的机会，而不是对个人的否定。
   - **建议**：制定改进计划，设定具体的目标和步骤，逐步提升自己。
4. 寻求反馈
   - **解释**：主动寻求更多的反馈，了解自己的不足和改进方向。
   - **建议**：与领导或同事沟通，询问具体的改进建议，展示你的积极态度。
5. 自我肯定
   - **解释**：不要因为一次批评而否定自己的全部价值。
   - **建议**：回顾自己的成就和优点，增强自信心，保持积极的心态。
6. 放松身心
   - **解释**：适当的放松有助于缓解压力，恢复心情。
   - **建议**：进行一些放松活动，如散步、听音乐、冥想或运动，帮助自己放松身心。
7. 设定小目标
   - **解释**：通过实现小目标来逐步恢复信心。
   - **建议**：设定一些容易实现的小目标，完成后给予自己奖励，增强成就感。
8. 寻求支持
   - **解释**：与朋友、家人或同事分享你的感受，获得情感支持。
   - **建议**：与信任的人交流，听取他们的建议和鼓励，帮助你渡过难关。
9. 保持积极心态
   - **解释**：保持积极的心态有助于更快地从挫折中恢复。
   - **建议**：每天给自己一些积极的心理暗示，提醒自己这只是暂时的挫折。

通过以上方法，你可以逐步调整心态，从批评中吸取教训，并继续前进。记住，每个人都会遇到挫折，关键是如何应对和成长。希望你能尽快恢复心情，继续努力！

16.3 评估心理健康

心理健康状况直接影响着人们的生活质量和工作效率。DeepSeek可以通过对话和问卷的形式，对用户的心理健康状况进行全面评估，及时发现潜在的心理问题。

> 我是一个新妈妈，最近一直情绪低落、行动迟缓、记忆力差、睡眠不好，且体重增加，我有什么心理问题吗？

作为新妈妈，您描述的症状确实需要重视，这些可能是产后心理或生理变化的信号。以下是一些可能的情况和建议：

一、可能的原因

1. 产后抑郁（Postpartum Depression，PPD）
   - **典型表现**：持续情绪低落、兴趣减退、睡眠障碍（即使孩子睡着也难以入眠）、自责或焦虑，部分人可能出现食欲增加和体重上升（情绪性进食）。
   - **数据参考**：约 10%～15%的新手妈妈会经历产后抑郁，通常在产后 6 周内出现，也可能延迟到数月后。
2. 产后甲状腺功能异常
   - 甲状腺激素波动（如甲状腺炎）可能导致疲劳、体重增加、情绪波动，需通过血液检查排除。
3. 睡眠剥夺与适应期压力
   - 新生儿照护导致的长期睡眠碎片化会引发记忆力下降、情绪敏感，甚至出现类似抑郁的症状。

二、建议行动步骤

1. 优先就医排查
   - **挂妇科/内分泌科**：检查甲状腺功能（TSH、FT3、FT4）、性激素水平。
   - **心理科/精神科**：通过《爱丁堡产后抑郁量表》（EPDS）评估心理状态。
2. 自我调节策略
   - **微休息法**：利用婴儿小睡时间进行 10 分钟正念呼吸（如 478 呼吸法：吸气 4 秒→屏息 7 秒→呼气 8 秒）。
   - **情绪日记**：每天花 5 分钟记录"三件小事"（如"今天宝宝第一次对我笑"），对抗消极思维。
   - **饮食调整**：增加富含 Omega—3 的食物（如深海鱼、亚麻籽），研究表明其有助于缓解抑郁情绪。
3. 构建支持系统
   - **分工协作**：与伴侣制定"值班表"，确保每天有至少 3 小时连续睡眠；
   - **社群联结**：加入线上/线下新手妈妈互助小组，减少孤独感。

三、重要提醒

- **这不是您的错**：产后激素剧烈波动（雌激素/孕激素断崖式下降）会直接影响大脑情绪调节功能，如同"生理性感冒"，无需自责。
- **警惕"微笑抑郁"**：部分妈妈会刻意在他人面前表现正常，但内心痛苦，这种情况更需要主动求助。
- **紧急信号**：若出现伤害自己或孩子的念头，请立即联系家人或拨打心理援助热线（如北京 24 小时热线 010-82951332）。

请记住，寻求帮助不是软弱，而是您对孩子和自己负责的表现。您已经在用最大的爱完成一项艰巨的任务，现在轮到我们支持您了。

16.4 辅助心理治疗

对于如抑郁症、焦虑症等心理疾病的患者，除专业的药物治疗和心理咨询外，日常生活中的心理调节也非常重要。DeepSeek 可以作为辅助工具，为患者提供日常心理调节建议，帮助他们更好地应对疾病。

> **中度抑郁症如何治疗？**

中度抑郁症的治疗通常需要综合性的方法，包括心理治疗、药物治疗和生活方式的调整。以下是一些常见的治疗建议：

1. 心理治疗
   - **认知行为疗法**：帮助患者识别和改变负面的思维模式和行为。
   - **人际关系疗法**：专注改善患者的人际关系，减少因人际问题引发的抑郁情绪。
   - **心理动力学治疗**：通过探索患者的潜意识和早期经历，帮助理解抑郁的根源。
2. 药物治疗
   - **抗抑郁药**：如选择性 5—羟色胺再摄取抑制剂（SSRIs）、5—羟色胺和去甲肾上腺素再摄取抑制剂等。
   - **注意事项**：药物治疗应在医生的指导下进行，定期复诊以调整药物剂量和种类。
3. 生活方式调整
   - **规律作息**：保持规律的睡眠和饮食习惯，避免熬夜和不规律的生活。
   - **适度运动**：如散步、瑜伽、游泳等，有助于提升情绪和身体健康。
   - **健康饮食**：均衡饮食，增加富含 Omega—3 脂肪酸的食物，如鱼类、坚果等。
4. 社会支持
   - **家庭和朋友的支持**：与家人和朋友保持联系，分享感受，获得情感支持。
   - **支持小组**：参加抑郁症支持小组，与其他患者交流经验和感受。
5. 自我照顾
   - **放松技巧**：如深呼吸、冥想、渐进性肌肉放松等，帮助缓解压力和焦虑。
   - **兴趣爱好**：培养兴趣爱好，增加生活的乐趣和满足感。
6. 专业帮助
   - **定期复诊**：与心理医生或精神科医生保持定期联系，评估治疗效果和调整治疗方案。
   - **危机干预**：如果出现轻生念头或行为，立即寻求专业帮助或拨打紧急求助电话。
7. 避免自我诊断和自我治疗
   - **专业评估**：抑郁症的诊断和治疗应由专业医生进行，避免自行诊断和用药。
8. 长期管理
   - **持续治疗**：抑郁症的治疗通常需要长期管理，即使在症状缓解后，也应继续遵循医生的建议。
9. 教育和自我学习
   - **了解抑郁症**：通过阅读相关书籍、参加讲座等方式，增加对抑郁症的了解，增强自我管理能力。
10. 避免孤立
    - **社交活动**：积极参与社交活动，避免孤立自己，增加与外界的互动。

中度抑郁症的治疗需要耐心和持续的努力，建议在专业医生的指导下进行综合治疗。希望这些建议对您有所帮助。

第 5 部分

DeepSeek 赋能艺术

第 17 章
图片创作，创意呈现

17.1 HTML 生成图片

DeepSeek R1 不能直接生成图片，但它的推理能力和代码能力都非常出色。所以核心逻辑是让它生成代码、脚本或提示词。

> ❓ 请用 HTML 格式设计并制作我的个人简历，提供下载图片按钮，但图片中不包含按钮本身。

单击代码下方的"运行 HTML"按钮，打开新页面。

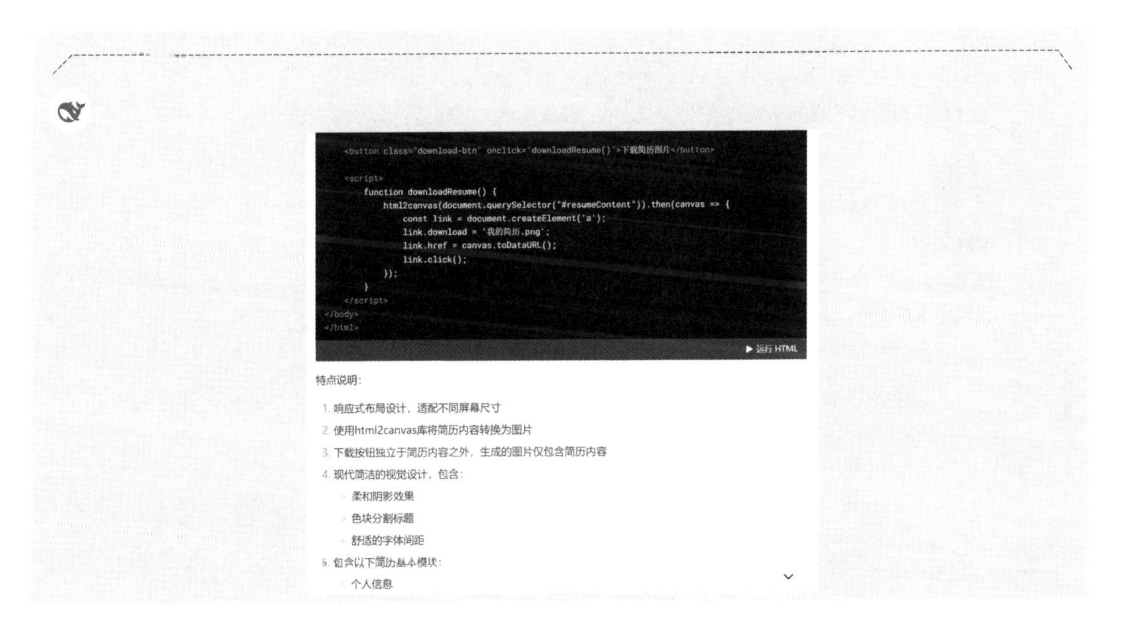

单击"下载简历图片"按钮，即可获得图片，如图 17-1 所示。

DeepSeek

个人简历

基本信息

姓名：张三
电话：123-4567-8901
邮箱：zhangsan@example.com
地址：北京市朝阳区

教育背景

学校：北京大学
专业：计算机科学与技术
学历：本科
时间：2015年9月 - 2019年6月

工作经历

公司：腾讯科技有限公司
职位：前端开发工程师
时间：2019年7月 - 至今
描述：负责公司核心产品的前端开发与优化，参与多个大型项目的设计与实现。

技能

编程语言：JavaScript, HTML, CSS, Python
框架：React, Vue.js, Node.js
工具：Git, Webpack, Docker

[下载简历图片]

图 17-1　HTML 页面

17.2 生成 AI 绘画提示词：漫画作品

在漫画创作领域，DeepSeek 能够成为创作者的得力助手，为创作过程提供丰富的灵感和高效的支持。以创作一部校园生活主题的漫画为例，可以借助 DeepSeek 来构思角色形象。向 DeepSeek 描述需求："设计一个乐观开朗的女高中生角色，她有着齐肩的短发，总是穿着整洁的校服，性格活泼，热爱运动，是学校篮球队的主力队员"。

> 请帮我生成适合 AI 文生图[1]的绘画提示词，要求：漫画风格；内容：一个乐观开朗的女高中生角色，她有着齐肩的短发，总是穿着整洁的校服，性格活泼，热爱运动，是学校篮球队的主力队员。

以下是为 AI 文生图设计的绘画提示词，适合生成漫画风格的女高中生角色：

提示词：

漫画风格，乐观开朗的女高中生，齐肩短发，整洁的校服，活泼性格，热爱运动，学校篮球队主力队员，阳光笑容，充满活力，运动场景，篮球场背景，动态姿势，手持篮球，汗水飞溅，青春校园氛围，明亮色彩，细腻线条，日系漫画风格，可爱与帅气兼具。

提示词解析

1. 角色描述：
   - 乐观开朗的女高中生：突出角色的性格特征。
   - 齐肩短发：明确发型细节。
   - 整洁的校服：体现角色形象，符合学生身份。
   - 活泼性格，热爱运动：强调角色的动态感和活力。
   - 学校篮球队主力队员：明确角色身份和背景。
2. 场景与动作：
   - 运动场景，篮球场背景：设定场景，增加画面故事感。
   - 动态姿势，手持篮球，汗水飞溅：突出运动中的动态感和力量感。
3. 风格与氛围：
   - 青春校园氛围：营造校园生活的青春感。
   - 明亮色彩，细腻线条：符合漫画风格的表现形式。
   - 日系漫画风格：明确绘画风格方向。
   - 可爱与帅气兼具：平衡角色的形象特点。

示例画面描述

- 画面中，女高中生站在篮球场上，身穿整洁的校服，齐肩短发随风轻扬。
- 她手持篮球，面带阳光笑容，眼神中充满自信和活力。
- 背景是明亮的篮球场，周围有队友和观众的模糊身影，营造出比赛的紧张氛围。

---

[1] AI 文生图：AI 根据文字描述生成相应图片。

- 画面色彩明亮，线条细腻，充满青春气息。

希望这些提示词能帮助你生成理想的漫画风格女高中生角色！

把 DeepSeek 提供的提示词复制后粘贴到 AI 文生图工具中，生成图片下载即可。这一类文生图工具很多，比如国外的 Midjourney，国内的即梦、秒画等。以即梦（须登录后使用）为例，如图 17-2 所示。

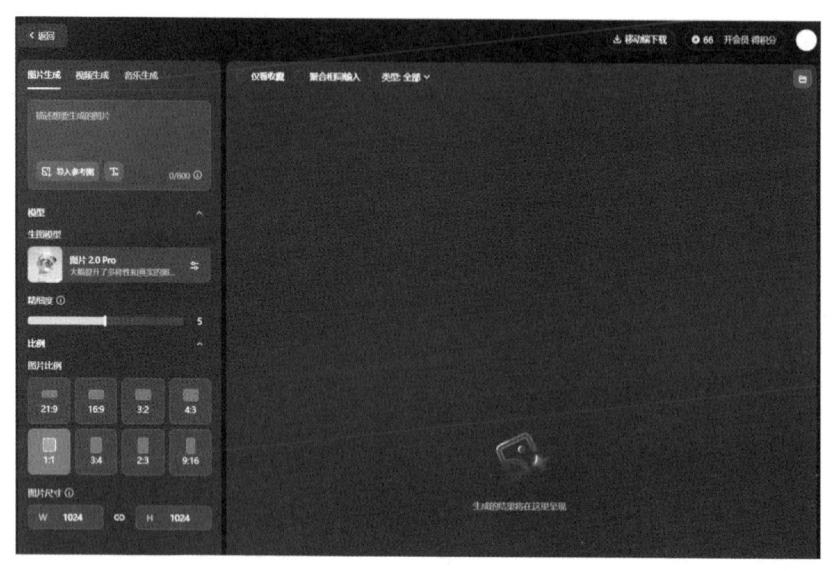

图 17-2　即梦页面

将提示词输入文本框，单击下方"立即生成"按钮，稍等片刻，就可以看到生成的图片了，如图 17-3 所示。

图 17-3　生成图片结果

17.3 生成思维导图

借助 DeepSeek 制作思维导图，能有效梳理复杂思路，提高学习和工作效率。在进行项目策划时，用户可以通过 DeepSeek 快速构建思维导图，从项目目标、任务分解、时间安排到资源分配等各个方面进行详细规划。以一个软件开发项目为例，思维导图以项目目标为中心，展开各个阶段的任务节点，每个节点又细分具体的工作内容和负责人，清晰展示项目全貌，方便团队成员协作沟通，确保项目顺利推进。

> ? 生成一份《冰与火之歌》的人物关系图，用思维导图的方式呈现，我需要 mermaid 代码。

以下是使用 Mermaid 语法生成的《冰与火之歌》主要人物关系图的代码。这个关系图涵盖了几个核心家族及其主要成员之间的关系。

```
mindmap
    root((冰与火之歌))
        史塔克家族
            艾德·史塔克
                凯特琳·徒利
                    罗柏·史塔克
                    珊莎·史塔克
                    艾莉亚·史塔克
                    布兰·史塔克
                    瑞肯·史塔克
                琼恩·雪诺
                班扬·史塔克
        兰尼斯特家族
            泰温·兰尼斯特
                瑟曦·兰尼斯特
                    乔佛里·拜拉席恩
                    托曼·拜拉席恩
                    弥赛菈·拜拉席恩
                詹姆·兰尼斯特
                提利昂·兰尼斯特
        坦格利安家族
            韦赛里斯·坦格利安
            丹妮莉丝·坦格利安
                卓戈卡奥
                琼恩·雪诺
        拜拉席恩家族
```

　　　　　劳勃·拜拉席恩
　　　　　　瑟曦·兰尼斯特
　　　　　史坦尼斯·拜拉席恩
　　　　　蓝礼·拜拉席恩
　　其他重要人物
　　　　小指头（培提尔·贝里席）
　　　　瓦里斯
　　　　桑铎·克里冈（猎狗）
　　　　布蕾妮
说明：
1. **史塔克家族**：以艾德·史塔克为核心，展示了他与妻子凯特琳·徒利及其子女的关系，以及琼恩·雪诺的特殊身份。
2. **兰尼斯特家族**：以泰温·兰尼斯特为核心，展示了他与子女瑟曦、詹姆和提利昂的关系，以及瑟曦与拜拉席恩家族子女的关系。
3. **坦格利安家族**：以韦赛里斯和丹妮莉丝为核心，展示了丹妮莉丝与卓戈卡奥的婚姻，以及她与琼恩·雪诺的关系。
4. **拜拉席恩家族**：以劳勃·拜拉席恩为核心，展示了他与兄弟史坦尼斯和蓝礼的关系，以及与瑟曦的婚姻。
5. **其他重要人物**：包括小指头、瓦里斯、猎狗和布蕾妮等关键角色。
6. **使用方法**：将上述代码复制到支持 Mermaid 的工具（如 Markdown 编辑器、Obsidian、VS Code 等）中，即可生成思维导图。如果需要进一步调整或扩展，可以根据剧情发展添加更多人物和关系。

　　打开 Mermaid 网站，复制生成的图表代码，粘贴到页面左侧的代码区，即可生成相关图表，如图 17-4 所示。

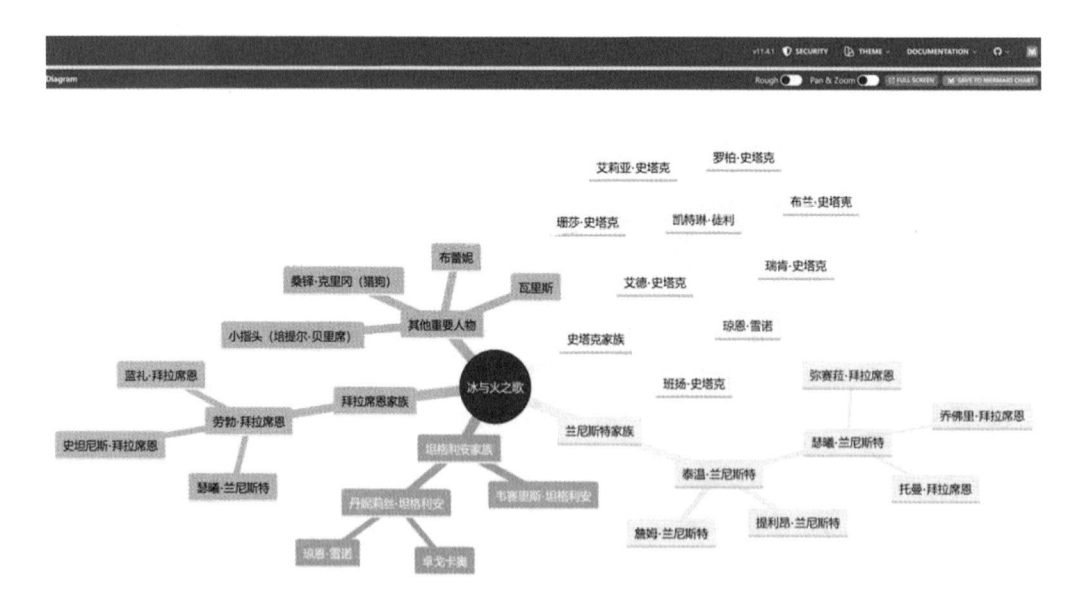

图 17-4　Mermaid 生成思维导图

Mermaid 语法支持流程图、甘特图、饼状图、思维导图等近 20 种丰富的图表类型，都可以用这种方式生成。

17.4　Janus Pro 7B：水墨画

Janus Pro 7B 是 DeepSeek 官方发布的多模态文生图模型，可以和 DeepSeek 无缝对接。可以使用 DeepSeek 生成提示词后利用 Janus Pro 生成图片。

水墨画作为中国传统绘画的重要代表，以其独特的笔墨韵味和意境表达深受人们喜爱。以创作一幅山水画为例，向 DeepSeek 提问。

> ? 请帮我生成适合 AI 文生图的绘画提示词，要求：水墨画风格；内容：创作一幅展现宁静山水意境的水墨画，画面中有巍峨的山峰、流淌的溪流、茂密的树林和古朴的亭台。

以下是为 AI 文生图设计的绘画提示词，适合生成水墨画风格的宁静山水意境：

提示词：
水墨画风格，宁静山水意境，巍峨的山峰，流淌的溪流，茂密的树林，古朴的亭台，远山如黛，近水含烟，云雾缭绕，层次分明，墨色浓淡相宜，笔触细腻流畅，传统中国画风格，留白艺术，意境深远，古典雅致，自然与人文和谐共存。

提示词解析
1. 画面元素：
   - **巍峨的山峰**：突出山势的雄伟与壮丽。
   - **流淌的溪流**：增加画面的动态感和生命力。
   - **茂密的树林**：丰富画面的层次感和自然气息。
   - **古朴的亭台**：点缀人文气息，增添古典韵味。
2. 水墨画风格：
   - **墨色浓淡相宜**：体现水墨画的独特韵味。
   - **笔触细腻流畅**：强调绘画技法的精致。
   - **留白艺术**：突出中国传统绘画的留白美学。
3. 意境与氛围：
   - **宁静山水意境**：营造宁静、悠远的氛围。
   - **远山如黛，近水含烟**：描绘山水之间的朦胧美感。
   - **云雾缭绕**：增加画面的神秘感和层次感。
   - **古典雅致**：体现中国传统文化的优雅与深邃。

示例画面描述
- 画面中，巍峨的山峰耸立于远处，山势雄伟，墨色浓淡相间，展现出层次分明的立体感。
- 近处溪流蜿蜒流淌，水波轻柔，与山石相映成趣。

- 茂密的树林点缀在山脚和溪流旁，枝叶繁茂，墨色深浅交错。
- 一座古朴的亭台隐现于树林之间，亭台结构简洁，充满古典韵味。
- 云雾缭绕于山间，增添了一丝神秘与宁静，留白处仿佛有无尽的遐想空间。

希望这些提示词能帮助你生成一幅充满古典韵味的水墨山水画！

打开 Janus Pro 7B 页面，如图 17-5 所示，单击 Text-to Image Generatiuon。

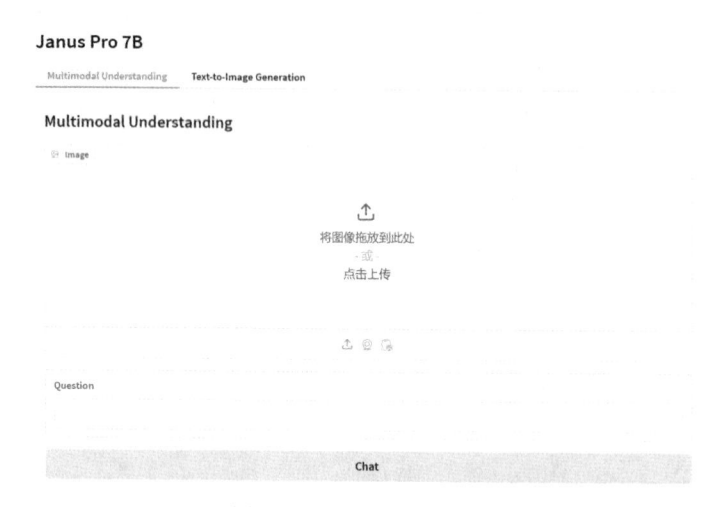

图 17-5　Janus Pro 7B 页面

把 DeepSeek 生成的提示词复制到文本框中，单击 Generate Images 按钮，稍等几秒钟就可以看到生成的图片了，如图 17-6 所示。

图 17-6　Janus Pro 7B 生成图

通过 DeepSeek 的助力，水墨画创作不再局限于传统的思维模式，画家能够获得更多的创作灵感和创新思路，推动水墨画艺术的不断发展和创新。

17.5　字体设计

DeepSeek 在字体设计领域展现出了强大的实力，为设计师和爱好者们提供了高效且富有创意的设计方案。它借助先进的 AI 技术，能够快速理解用户需求，生成独具特色的字体样式。

> 请用 100 字左右进行字体设计描述，要求：设计"云南"两个字，文字内融入云南传统文化和地方特色，代表性特色或标志，图像立体，国潮风。

设计以"云南"二字为载体，融入彝族刺绣纹样与白族扎染蓝白渐变底色。横竖笔画化为梯田层叠肌理，转折处嵌入鎏金孔雀翎羽浮雕；"云"字起笔勾勒雪山金顶，末笔晕染出普洱茶汤氤氲；"南"字右竖化作傣族银器錾刻的象鼻轮廓，负空间点缀滇金丝猴剪影。采用翡翠绿叠加深褐的立体勾边，局部点缀朱砂红山茶花纹，在传统木刻版画质感中融入几何化的国潮线条，整体形成山水人文交织的立体图腾。

把 DeepSeek 提供的提示词复制到即梦图片生成中，下载生成的图片即可，如图 17-8 所示。

图 17-7　字体设计

第18章
视频生成，视觉创想

18.1 数字人视频

在数字技术飞速发展的当下，DeepSeek 在生成数字人[1]方面展现出卓越的能力，为众多领域带来了全新的变革与机遇。

首先利用 DeepSeek 生成一段视频文案，如图 18-1 所示。

> 你是一名微视频博主，写一段法律视频文案，要求由案例引入，逐步分析，之后讲解相关法律条文，最后提示观看者需要注意的法律知识。字数在800字以内，全文用于人物口述。
>
> ⟨ 2 / 2 ⟩
>
> 视频文案：外卖迟到，我给差评，商家竟然找上门？！
>
> 【案例引入】
> 大家好，我是你们的老朋友XX。最近啊，我点了个外卖，结果迟到整整一个小时！饿得前胸贴后背的我，一气之下给了个差评。没想到，第二天商家居然找上门来，说我恶意差评，要我删掉，不然就报警！我当时就懵了，给差评是我的权利，怎么还犯法了？
>
> 【逐步分析】
> 其实啊，商家这种行为已经涉嫌违法了。首先，消费者有权根据自身体验对商品和服务进行评价，这是法律赋予我们的权利。其次，商家上门骚扰、威胁消费者删除差评，属于侵犯消费者合法权益的行为，情节严重的，甚至可能构成寻衅滋事罪。
>
> 【相关法律条文】
> 《中华人民共和国消费者权益保护法》第十五条规定，消费者享有对商品和服务进行监督、批评的权利。

图 18-1（一） 生成文案

---

[1] 数字人：运用数字技术创造的、与人类形象接近的数字化人物形象。

《中华人民共和国治安管理处罚法》第四十二条规定，写恐吓信或者以其他方法威胁他人人身安全的，处五日以下拘留或者五百元以下罚款；情节较重的，处五日以上十日以下拘留，可以并处五百元以下罚款。

【法律知识提示】

1. **理性评价**：消费者在行使评价权时，应基于客观事实，避免恶意诋毁、诽谤商家。
2. **保留证据**：遇到商家骚扰、威胁等情况，要及时保留相关证据，如录音、录像、聊天记录等，以便维护自身合法权益。
3. **寻求帮助**：如果商家行为恶劣，可以拨打12315消费者投诉热线或向当地市场监管部门投诉，必要时可以报警处理。

【结尾】

好了，今天的案例就分享到这里。希望大家在遇到类似情况时，能够勇敢地拿起法律武器维护自身权益。我是XX，关注我，了解更多法律知识，我们下期再见！

图 18-1（二） 生成文案

文案生成之后，打开"剪映"桌面版，用抖音账号登录，进入工作台，单击"AI 文案成片"，如图 18-2 所示。

图 18-2 剪映界面

之后会自动打开浏览器页面，进入"AI 文案成片"页面，如图 18-3 所示。

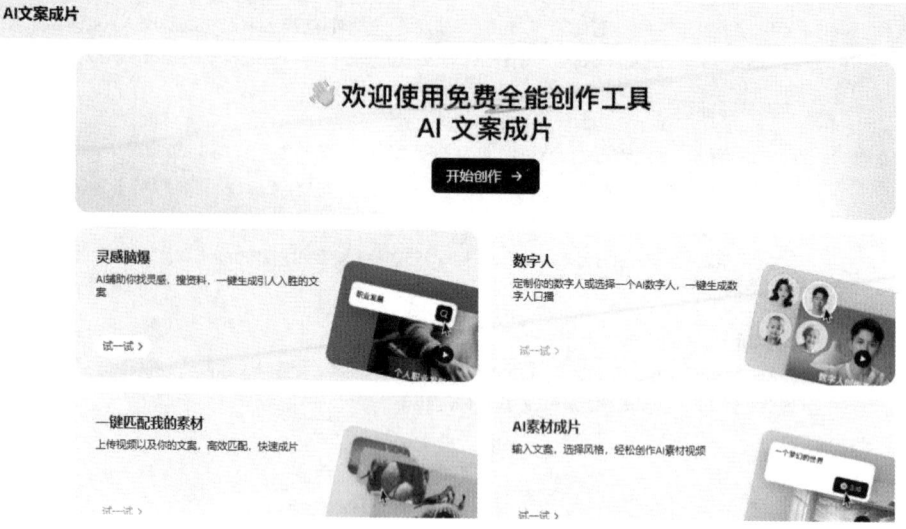

图 18-3　AI 文案成片页面

在页面中单击"数字人"区域，右侧会弹出一个新的工作区：数字人成片。在"推荐形象"中选择"专业律师"，也可以选择"实拍形象"。将 DeepSeek 生成的文案复制到文案区，在下方选择相应的声音，单击"生成"按钮，如图 18-4 所示。

图 18-4（一）　选择形象

视频生成，视觉创想　第18章

文案

《中华人民共和国消费者权益保护法》第十五条规定，消费者享有对商品和服务进行监督、批评的权利。

《中华人民共和国治安管理处罚法》第四十二条规定，写恐吓信或者以其他方法威胁他人人身安全的，处五日以下拘留或者五百元以下罚款；情节较重的，处五日以上十日以下拘留，可以并处五百元以下罚款。

【法律知识提示】

1、理性评价：消费者在行使评价权时，应基于客观事实，避免恶意诋毁、诽谤商家。

2、保留证据：遇到商家骚扰、威胁等情况，要及时保留相关证据，如录音、录像、聊天记录等，以便维护自身合法权益。

3、寻求帮助：如果商家行为恶劣，可以拨打12315消费者投诉热线或向当地市场监管部门投诉，必要时可以报警处理。

好了，今天的案例就分享到这里。希望大家在遇到类似情况时，能够勇敢地拿起法律武器维护自身权益。我是XX，关注我，了解更多法律知识，我们下期再见!

专业律师

试试样例　　　　　　　　　　　　　　　　　　　　　　　生成

图 18-4（二）　选择形象

之后"剪映"会自动分割文案，分步创建视频，如图 18-5 所示。

视频创作中… 16%

预计耗时1分钟，请耐心等待

○ 智能拆分文案中
· 生成配音中
· 渲染数字人中

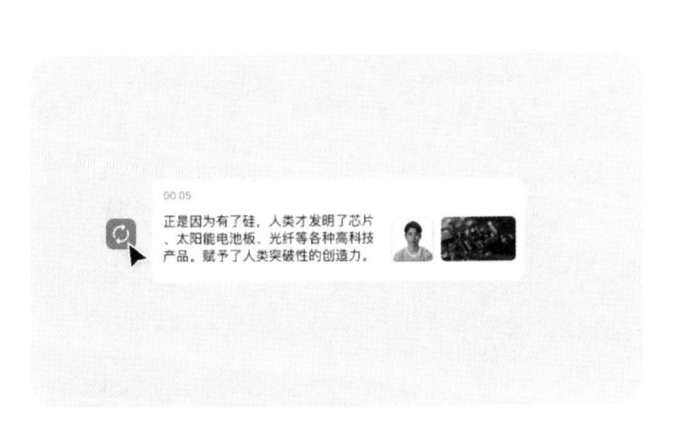

00:05　正是因为有了硅，人类才发明了芯片、太阳能电池板、光纤等各种高科技产品，赋予了人类突破性的创造力。

图 18-5　创建视频

229

生成之后查看视频效果。单击右上角的"导出"按钮，如图 18-6 所示，可以将视频下载到本地，如图 18-7 所示。

图 18-6　预览视频

图 18-7　导出视频设置

18.2 卡通视频

在短视频和动画创作领域，DeepSeek 以其强大的 AI 能力为创作者带来了全新的创作体验，如为生成卡通视频提供了高效且充满创意的解决方案。传统的卡通视频制作，从脚本编写、角色设计、分镜绘制到动画制作，需要耗费大量的时间和人力。而 DeepSeek 极大地简化了这一流程。以制作一部 5 分钟的卡通短视频为例，以往专业团队可能需要花费数周时间，现在借助 DeepSeek，创作者在短短几天内就能完成。它迅速生成相应的卡通画面，大大提高了创作效率，让创作者能更快速地将创意转化为成品。

> **生成关于梁祝十八相送的卡通版 AI 绘画提示词**
>
> 以下是关于梁祝"十八相送"场景的卡通版 AI 绘画提示词，结合了场景描述、风格要求和情感氛围：
>
> **提示词：**
> "卡通风格的梁祝十八相送场景，春日的江南水乡，青山绿水，阳光明媚，梁山伯与祝英台并肩走在蜿蜒的小路上，路边开满鲜花，蝴蝶在两人周围翩翩飞舞。梁山伯身穿书生长袍，神情温柔；祝英台身着轻盈衣裙，眉眼间透着一丝不舍。画面中有小桥流水、竹林花海，远处是朦胧的山峦，整体色彩清新明亮，充满童话般的浪漫氛围。画风细腻柔和，线条流畅，带有中国传统水墨画的意境，同时融入现代卡通风格的可爱元素。画面中心突出两人的情感互动，背景音乐悠扬婉转，传递出淡淡的忧伤与深情。"
>
> **关键词细化：**
> 1. **场景：** 江南水乡，春日风光，小桥流水，竹林花海，蝴蝶飞舞。
> 2. **人物：** 梁山伯（书生长袍，温柔神情），祝英台（轻盈衣裙，不舍表情）。
> 3. **风格：** 卡通风格，细腻柔和，线条流畅，色彩清新明亮。
> 4. **氛围：** 浪漫、温馨、略带忧伤，充满童话般的梦幻感。
> 5. **细节：** 中国传统水墨画意境，现代卡通可爱元素，情感互动突出。
>
> 通过这段提示词，AI 可以生成一幅既保留传统文化韵味，又充满卡通风格浪漫氛围的"十八相送"场景图。希望对你有帮助！

进入"即梦"平台，将 DeepSeek 生成的绘画提示词复制到"即梦"中，用来文生图，如图 18-8 所示。其生成了 4 幅图片，选择第四幅作为原图，切换到"视频生成"页面，选择"图片生视频"，上传选中的图片，输入视频内容（这部分内容的描述也可以用 DeepSeek 生成），单击"生成视频"按钮，就可以生成视频了，如图 18-9 所示。

图 18-8　生成初始图片

图 18-9　生成视频

18.3　3D 模型

你是否曾幻想过，自己打造出一个灵动的 3D 角色，让它在屏幕里活灵活现？利用 DeepSeek、即梦 AI、混元 3D 这些强大的工具就可以打造出一个 3D 形象。

首先，从角色的外观设计开始。打开 DeepSeek，输入以下内容："生成 AI 文生图提示词，要求：蒙古族少女手办，Q 版人物形象，有民族特色的服装。"按回车键，DeepSeek 会根据需求，生成一段详细的提示词，如图 18-10 所示。

第18章 视频生成，视觉创想

> 生成AI文生图提示词，要求：蒙古族少女手办，Q版人物形象，有民族特色的服装

以下是一个关于"蒙古族少女手办"的AI文生图提示词，结合了Q版人物形象和民族特色服装的描述：

提示词：

"Q版蒙古族少女手办，可爱的卡通形象，圆圆的脸蛋，大眼睛充满灵气，微笑的表情甜美动人。她身穿传统蒙古族服饰，头戴华丽的蒙古族头饰，头饰上镶嵌着彩色宝石和流苏，身穿绣有精美花纹的长袍，腰间系着彩色腰带，脚踩绣花靴子。服装以蓝色、白色和金色为主，充满民族特色。背景是辽阔的草原，远处有蒙古包和牛羊，天空湛蓝，白云朵朵。整体画风清新可爱，色彩明亮，细节精致，充满童趣和民族风情。"

关键词细化：

1. **人物形象**：Q版蒙古族少女，圆圆的脸蛋，大眼睛，甜美微笑。
2. **服装细节**：传统蒙古族服饰，华丽头饰（彩色宝石、流苏），绣花长袍，彩色腰带，绣花靴子。
3. **色彩风格**：蓝色、白色、金色为主，明亮清新。
4. **背景**：辽阔草原，蒙古包，牛羊，蓝天白云。
5. **画风**：可爱卡通风格，细节精致，充满童趣和民族风情。

通过这段提示词，AI可以生成一个既可爱又充满民族特色的蒙古族少女手办形象，适合用于手办设计、插画创作等场景。希望对你有帮助！

图 18-10 生成手办图片提示词

这段提示词就像是给 AI 下达的指令，告诉它我们需要一个什么样的角色形象。好的提示词能大大增加生成理想图像的概率。

不过，DeepSeek 也不是绝对完美的，它生成的提示词可能需要用户根据实际生成效果进行微调。可以多次生成提示词，对比不同版本，选取最适用的内容。AI 只是辅助提高效率的工具，它需要用户引导它更好地工作。

获取 DeepSeek 生成的提示词后，将提示词复制到即梦 AI 中，单击"生成"按钮。等待一会儿，一个 Q 版少女手办的形象就会呈现在你眼前，如图 18-11 所示。

在生成的四幅图片中，选择第二幅下载。下一步就是让它从二维变成三维。打开腾讯混元 3D 网站，选择"图生 3D"功能，上传下载的图片，在"设置"选项中，打开"生成 PBR 贴图"开关，如图 18-12 所示。

图 18-11　生成手办图片

图 18-12　腾讯混元 3D

这样，生成的 3D 模型就会自带贴图。单击下方"自动旋转"按钮，可查看模型的每一个角度，如图 18-13 所示。也可以单击右侧的"下载"按钮，下载模型的 GLB 文件。

这样一个 3D 模型就生成了，如果想要让这个模型动起来还需要进行骨骼绑定。混元 3D 网站虽然提供了骨骼绑定和动作驱动功能，但对模型的造型有一定的要求，因此最好用其他软件来完成。读者如果有兴趣可以自行探索 Blender、Mixamo 等软件。

图 18-13　生成 3D 模型

第 6 部分

未来展望

第19章
DeepSeek 的未来发展

  DeepSeek 的出现，在人们的生活和工作中掀起了波澜，带来了诸多积极影响。在生活中，它就像一位随时待命的贴心管家，无论是规划旅行路线、学习新的生活技能，还是解决生活中的小烦恼，都能提供实用的建议和帮助，让生活变得更加便捷和有趣。在工作领域，它则是高效的助力器，帮助科研人员、程序员、教师等各行业人士节省大量的时间和精力，提高工作效率和质量，推动项目的顺利进展。

  展望未来，DeepSeek 在更多领域的应用前景十分广阔。在农业领域，它可以通过分析土壤数据、气候信息等，为农民提供精准的种植建议，包括农作物品种选择、种植时间、灌溉和施肥方案等，帮助提高农作物产量和质量，保障粮食安全。在交通领域，它可以与智能交通系统相结合，实时分析交通流量数据，优化交通信号灯的时间设置，预测交通事故和拥堵情况，为驾驶员提供最佳的出行路线规划，缓解交通压力，提高出行效率。在环保领域，DeepSeek 可以分析环境监测数据，预测环境污染趋势，提出针对性的环保措施和解决方案，助力环境保护和可持续发展。

  随着技术的不断进步和创新，DeepSeek 还将不断拓展其能力边界，为人们带来更多的惊喜和便利。它可能会与物联网、区块链等技术深度融合，创造出更加智能、安全的生活和工作环境。在智能家居方面，它可以通过与各种智能设备连接，实现对家居环境的全方位智能控制，根据人们的生活习惯和需求，自动调节灯光、温度、湿度等，提供更加舒适和便捷的居住体验。在智能医疗方面，它有望实现远程医疗诊断和手术辅助，让患者无论身处何地都能享受到优质的医疗服务。

  DeepSeek 的发展为我们打开了一扇通往未来的大门，里面充满了无限的可能。希望大家都能积极探索使用 DeepSeek，亲身感受它的魅力和价值，让它成为我们生活和工作中的得力伙伴，共同迎接更加美好的未来。

参考文献

[1] RUSSELL S，NORVIG P．人工智能：一种现代方法[M]．2版．姜哲，译．北京：人民邮电出版社，2004．

[2] 吴军．智能时代：大数据与智能革命重新定义未来[M]．北京：中信出版社，2016．

[3] 秦阳，章慧敏，张伟崇．WPS Office 办公应用技巧宝典[M]．北京：人民邮电出版社，2022．

[4] GOODFELLOW I，BENGIO Y，COURVILLE A．深度学习[M]．赵申剑，黎彧君，符天凡，等译．北京：人民邮电出版社，2017．

[5] 深度求索．DeepSeek API 文档[EB/OL]．（2025-1-20）[2025-3-1] https://api-docs.deepseek.com/zh-cn/．

[6] 石头．AI 绘画与摄影实战 108 招：ChatGPT+Midjourney+文心一格[M]．清华大学出版社，2024．

[7] 文之易，蔡文青．ChatGPT 实操应用大全[M]．北京：中国水利水电出版社，2023．

[8] 新境界．ChatGPT 从入门到实践[M]．北京：中国水利水电出版社，2024．

[9] 万俊．大语言模型应用指南：以 ChatGPT 为起点，从入门到精通的 AI 实践教程[M]．北京：电子工业出版社，2024．